零基础学后期
Lightroom 6/CC
数码照片处理从新手到高手

龙飞 编著

U0337472

人民邮电出版社

北 京

图书在版编目（C I P）数据

零基础学后期：Lightroom 6/CC数码照片处理从新
手到高手 / 龙飞编著. -- 北京：人民邮电出版社，
2016.1（2016.8 重印）
ISBN 978-7-115-40876-1

Ⅰ. ①零… Ⅱ. ①龙… Ⅲ. ①图象处理软件 Ⅳ.
①TP391.41

中国版本图书馆CIP数据核字（2015）第264736号

内 容 提 要

本书包涵了九大技术专题精讲、60多个技能实例奉献、90多个经典专家指点放送、170多个重点实例视频操作演示和870多张图片全程图解这几大特色，可以帮助读者从入门到精通Lightroom照片处理，从新手成为Lightroom照片后期处理高手。

全书共分为9章，介绍了Lightroom的基础知识及各个模块的使用，并对照片的简单修饰技法、照片瑕疵的修复技法、照片局部的精修技法、照片影调的处理技法、黑白照片的转换技法和照片后期处理综合实训等内容进行了详细地讲解，让读者学后可以融会贯通、举一反三，完成自己的艺术作品。

本书结构清晰、语言简洁，适合日常摄影、照片修饰等领域各层次的读者，也可作为各类培训学校或大专院校的指导教材，使他们可以通过本书迅速提高数码照片处理水平。

◆ 编　著　龙　飞
　　责任编辑　张　贞
　　责任印制　周昇亮

◆ 人民邮电出版社出版发行　　北京市丰台区成寿寺路 11 号
　　邮编　100164　　电子邮件　315@ptpress.com.cn
　　网址　http://www.ptpress.com.cn
　　北京方嘉彩色印刷有限责任公司印刷

◆ 开本：880×1230　1/24
　　印张：12　　　　　　　　2016 年 1 月第 1 版
　　字数：400 千字　　　　　2016 年 8 月北京第 3 次印刷

定价：69.00 元（附光盘）

读者服务热线：**(010)81055296**　印装质量热线：**(010)81055316**
反盗版热线：**(010)81055315**
广告经营许可证：**京东工商广字第 8052 号**

前　言

　　Lightroom是面向数码摄影、图形设计等专业人士的一款软件，为用户提供高效、稳定的导入、管理、修改及导出数码图像等功能。借助它，摄影师只需花费较少的时间分类排列和组织图像，从而有更多的时间编辑图像或者投入到前期创作。

　　本书主要以具有强大图像处理功能的Photoshop中的Lightroom为操作平台，在系统地阐述使用Lightroom软件对数码照片进行导入、管理、修正、编辑、导出、打印等一整套的基本操作方法的同时，通过大量实例着重分享了调色、特效等后期技法，以及摄影师会感兴趣的Lightroom的综合运用，全书由局部到整体、从易到难、系统、全面地讲解了修饰和处理数码照片的专业技法。本书内容丰富，图文并茂，版式美观，实例众多，用户能够一学就会、即学即用。本书可作为广大美术设计师和数码照片处理爱好者的优秀参考书。

本书特色

特　色	特 色 说 明
九大 技术专题精讲	本书专讲了九大技术专题：Lightroom基础知识、导入管理与查看照片、Lightroom模块的使用、照片的简单修饰技法、照片瑕疵的修复技法、照片局部的精修技法、照片影调的处理技法、黑白照片的转换技法、照片后期处理综合实训等内容，编排思路由浅入深，循序渐进，让读者在掌握基本数码照片处理技巧的同时，能与实际应用联系，通过大型实例的演练，提升综合运用能力
60多个 技能实例奉献	本书通过60多个实例来讲解Lightroom相关技巧，帮助读者在实战演练中逐步掌握软件的核心技能。通过本书的学习，让读者可以打造出精美摄影作品，达到专业大师水准。与同类书相比，读者可省去学无用理论的时间，更能掌握超出同类书大量的实用技能和案例，让学习更高效
90多个经典 专家指点放送	作者在编写时，将平时工作中总结的各方面Lightroom实战技巧、设计经验等毫无保留地奉献给读者，不仅大大丰富和提高了本书的含金量，更方便读者提升软件的实战技巧与经验，从而大大提高读者的学习与工作效率，学有所成。
170多个重点 实例视频演示	书中的重点实例，全部录制了带语音讲解的演示视频，重现了书中经典实例的操作，读者可以结合书本，也可以独立观看视频演示，像看电影一样学习，让摄影爱好者迅速上手实战，是一本不可多得的后期工具书
870多张 图片全程图解	本书采用了870多张图片，从对软件技术、实例的讲解，到效果的展示，都进行了全程式的图解，让实例的内容变得更通俗易懂，使读者一目了然，快速领会

　　本书由龙飞编著，参与编写的还有谭贤、苏高、柏慧等人，感谢他们的认真编写与辛勤付出。

　　由于编写水平有限，书中难免出现疏漏和不足之处，还请广大读者批评指正。如果大家在学习过程中有疑难问题需要我们帮助，请致函itsir@qq.com。

编　者

2015 年 8 月

目　录

01

1.1 Lightroom 6/CC 入门知识

Adobe Photoshop Lightroom是完成数字拍摄工作流程不可或缺的一款工具软件，它不但可以快速导入、处理、管理和展示图像，而且其增强的校正工具、强大的组织功能以及灵活的打印选项可以加快图片后期处理速度，让摄影师在将更多的时间投入拍摄当中。

1.1.1 Adobe Photoshop Lightroom简介

Adobe Photoshop Lightroom是一款以后期制作为重点的图形工具，它面向数码摄影、图形设计等专业人士和高端用户，支持各种RAW格式图像，主要用于数码相片的浏览、编辑、整理、打印等，如图1-1所示。

图1-1　Adobe Photoshop Lightroom 6软件窗口

同时，Adobe Photoshop Lightroom也是一种适合专业摄影师输入、选择、修改和展示大量数字图像的高效率软件。用户可以花费更少的时间整理和完善照片。可以说，Lightroom是为了给数码摄影师提供一个有效、强大的导入、选择、加工、输出、打印和显示大量数码图像而设计的工具。

Lightroom与Photoshop有很多相通之处，但定位不同，不会取而代之，而且Lightroom也没有Photoshop的很多功能，如选择工具、照片瑕疵修正工具、多文件合成工具、文字工具和滤镜等。

Adobe Photoshop Lightroom软件很巧妙地提取了Photoshop工作流程和RAW格式转换要素的核心功能，并将它们完整地组合在一个全新的界面中。Adobe Photoshop Lightroom软件的整个工作流程都是无损读取，图像修饰和RAW格式转换设置分别保存为原始图像数据，用于生产图像的屏幕预览、打印输出以及基于屏幕的幻灯片演示。

1.1.2 Lightroom 6/CC 的主要性能

在学习Lightroom 6/CC之前，用户需要了解Lightroom 6/CC的主要性能，即运用它可以实现什么样的效果，Lightroom可以通过简单的调整，修饰照片的明暗、色彩以及细节，还能利用功能完善的选项模块，对照片进行最终的打印输出等。掌握Lightroom 6/CC的主要性能，用户可以使后期的照片处理更加得心应手。

Lightroom 6/CC是一款性能优良、功能齐全且使用方便快捷的图像处理软件。从照片的导入到最终输出，Lightroom 6/CC软件能提供强大而简单的一键式工具和步骤操控，可以根据不同状况的图片做出相应的个性化处理，能够轻松实现照片的组织、润饰和共享。

图1-2　对画面中的指定区域进行调整

1．创造力和灵活性

借助Lightroom 6/CC的强大功能可以使每一张图像效果发挥到最佳。在非破坏性环境中，Lightroom 6/CC可以采用全面的图像处理工具调整画面中的指定区域，让用户表达更多的创意，如图1-2所示。

2．颜色和色调

Lightroom 6/CC能够轻松完成图像色调和颜色的处理，它可以快速实现彩色与黑白之间的转换，并且采用针对色相、饱和度、明亮度的颜色通道进行修饰，增强画面的表现力。

使用Lightroom 6/CC对颜色的精细化调整对比，可以一目了然地查看处理前后的对比效果，如图1-3所示。

图1-3　对颜色的精细化调整对比

3．细节和校正

Lightroom 6/CC中强大的工具能够最大限度地提高图像的清晰度。Lightroom 6/CC借助先进的杂色减少技术，去掉画面中的噪点、色差等，此外，Lightroom 6/CC中还内置了镜头校正功能，利用相机配置文件减少几何扭曲、晕影、变形等，获得更真实的图像，如图1-4所示。

4．共享和打印

当互联网与我们的生活变得密不可分时，运用Lightroom 6/CC中的Web功能可以轻松完成网页的制作，让更多人在网站中分享自己的图像，如图1-5所示。

另外，Lightroom 6/CC完善的图像打印功能可以通过软件对图像进行打印预览，用户通过个性化的打印布局和模板应用，感受图像打印的乐趣，如图1-6所示。

图1-4　细节和校正功能

图1-5　Web功能

图1-6　图像打印功能

5．导入和导出

Lightroom 6/CC清晰直观的工作界面可以轻松导入和导出图像，为用户节省了大量的时间。使用Lightroom 6/CC导入和导出照片时，可以将原照片中的关键字、原数据信息随照片一同导入或导出，让我们了解更多的照片信息，如图1-7所示。用户也可以保持常用设置，利用导入预设快速将照片导入。

图1-7　导入照片

1.2　初识Lightroom 6/CC软件

Lightroom 6/CC通过一整套的图像处理工具和非破损型编辑环境能制作出令人惊叹的图像作品，Lightroom 6/CC作为目前最新的两个版本，不仅对功能进行了提升，对工作界面也进行了调整，让图像处理变得更加简单。

1.2.1　安装Lightroom 6/CC软件

了解了Lightroom 6/CC软件的主要性能后，就需将Lightroom 6/CC软件安装到计算机中，Lightroom 6/CC的安装只需要用户根据安装向导的指示，一步一步安装即可。

下面以Lightroom 6为例，介绍Lightroom 6/CC软件的安装方法。

步骤 01　打开Lightroom 6的安装软件文件夹，双击Setup.exe图标，如图1-8所示。

步骤 02　执行操作后，弹出"Adobe安装程序"对话框，单击"忽略"按钮，如图1-9所示。

图1-8　双击Setup.exe图标

图1-9　单击"忽略"按钮

步骤 03　执行操作后，安装软件开始初始化，如图1-10所示。

步骤 04　初始化之后，进入"欢迎"界面，选择"试用"选项，如图1-11所示。

图1-10　初始化

图1-11　选择"试用"选项

专家指点

　　在"文件处理"选项卡中，文件名生成区域下方是Camera Raw缓存设置区域，Lightroom将使用这个文件夹作为工作文件的缓存。用户可以在这里更改缓存位置，笔者建议选择一个空间较大、速度较快的磁盘作为缓存位置。如果用户的C盘空间很大，也可以使用默认设置。单击"选择"按钮，在弹出的"选择文件夹"对话框中即可设置缓存磁盘位置。总之，设置的原则是保证足够的缓存大小，以加快Lightroom的运行速度。

步骤 05　进入"需要登录"界面，单击"登录"按钮，如图1-12所示。由于是试用该软件，因此用户可以将计算机的网络断开，跳过登录操作。

步骤 06　执行操作后，单击"以后登录"按钮，如图1-13所示。

图1-12　单击"登录"按钮　　　　　　　　　　图1-13　单击"以后登录"按钮

步骤 07　进入"Adobe 软件许可协议"界面，用户可以在此查看安装、试用Adobe软件时需要遵守的相关协议，单击"接受"按钮，如图1-14所示。

步骤 08　执行操作后，进入"选项"界面，单击"位置"右侧的"浏览"按钮，如图1-15所示。

图1-14　单击"接受"按钮　　　　　　　　　图1-15　单击"浏览"按钮

专家指点

　　Lightroom最大的优势无疑在于它是一套相对完整的数码后期解决方案。很多人将后期处理等同于对某一张照片做一些对比度和颜色的处理，或者增加一些艺术效果，然而这并不是后期处理的全部。例如，一个婚礼摄影师每次出任务都要带回上千张照片，他必须对每一张照片都进行精心的后期处理。此时，Lightroom的优势就不言而喻了，它将有区别的功能组织在不同的模块中，并通过这些模块将整个数码后期处理流程完整地串联起来。

步骤 09   执行操作后，弹出"浏览文件夹"对话框，设置相应的安装位置，单击"确定"按钮，如图1-16所示。

步骤 10   执行操作后，即可设置相应的安装位置，单击"安装"按钮，如图1-17所示。

图1-16　设置相应的安装位置

图1-17　单击"安装"按钮

步骤 11   执行操作后，进入"安装"界面，显示安装进度，如图1-18所示。如果用户需要取消，单击左下角的"取消"按钮即可。

步骤 12   稍等片刻，在弹出的相应窗口中提示此次安装完成，然后单击右下角的"关闭"按钮，如图1-19所示，即可完成Lightroom 6的安装操作。

图1-18　显示安装进度

图1-19　安装完成

1.2.2　Lightroom 6/CC 全新的工作界面

　　Lightroom 6 的工作界面很简单，除了上面的标题栏和菜单栏外，主要分成了四大面板区域，中间是图片显示的工作区，围绕中间的图像显示工作区，上面是模块选取器，下面是胶片显示窗格，左侧是模块面板（导航目录、文件夹、收藏夹等），右侧是重要的调整面板，如图1-20所示。

图1-20　Adobe Photoshop Lightroom 6 的工作界面

专家指点

　　随着数码相机图像处理技术的不断发展，越来越多的相机内置了直方图的功能。虽然直方图对初学者来说，还很陌生，但它却早已存在于我们的生活、工作中。

　　在一张图片的直方图中，横轴代表图像中的亮度，由左向右，从全黑逐渐过渡到全白；纵轴代表图像中处于这个亮度范围的像素的相对数量。在这样一张二维的坐标系上，用户可以准确了解一张图片的明暗程度。在Lightroom 中，导入照片后，即可在右上角看到照片的直方图信息，如图1-21所示。

图1-21　查看照片的直方图信息

启动 Lightroom CC，可以看到其工作界面与 Lightroom 6 基本一致，如图 1-22 所示。

图 1-22　Adobe Photoshop Lightroom CC 的工作界面

1.2.3　了解菜单栏

Lightroom 中的不同模块提供了不同的菜单，便于不同的处理需求，切换到"图库"模块时，菜单栏中提供了 8 个菜单，包括文件、编辑、图库、照片、元数据、视图、窗口和帮助，如图 1-23 所示。在 Lightroom 中能够使用到的命令都集中于菜单栏中，单击菜单会弹出相应的菜单命令。

| 文件(F)　编辑(E)　图库(L)　照片(P)　元数据(M)　视图(V)　窗口(W)　帮助(H) |

图 1-23　Lightroom 6 的菜单栏

专家指点

Lightroom 与其他照片处理软件一样，都可以通过菜单栏中的菜单命令来处理、编辑图像。Lightroom 中几乎所有的图像编辑都在"修改照片"模块中完成，这里的菜单栏介绍以该模块为例，在菜单栏中执行菜单命令后，会弹出相应的对话框，或者是对图像执行相应的操作。

1."文件"和"编辑"菜单

"文件"菜单主要集中了一些对文件的操作命令，包括新建、打开目录、文件的导入与导出、文件的打印等操作。单击"文件"菜单命令即可展开"文件"菜单列表，如图 1-24 所示。

"编辑"菜单主要对图像进行选择、取消选择、设置首选项、身份标识等。单击"编辑"菜单命令，即可展开"编辑"菜单列表，如图 1-25 所示。

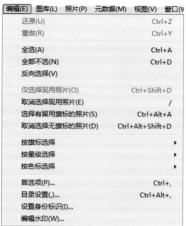

图1-24 "文件"菜单列表   图1-25 "编辑"菜单列表

在Lightroom 6中，可以通过"编辑"菜单或者使用【Ctrl＋,】组合键来启动"首选项"对话框。"首选项"对话框中共有7个选项卡，如图1-26所示。

在"首选项"对话框中切换至"预设"选项卡，单击"Lightroom 默认设置"区域中的任一"还原"按钮，如图1-27所示，即可复位相应的原始设置。

图1-26 "首选项"对话框   图1-27 将预设复位为原始设置

在"首选项"对话框中切换至"文件处理"选项卡，可以看到一个文件名生成区域，如图1-28所示。当用户把文件导入Lightroom或者在Lightroom中重命名文件时，Lightroom需要一些规则。文件名是非常重要的，非法字符会影响文件的通用性，甚至导致文件无法正常打开。因此，用户可以选择更多的字符作为非法字符，并且可以使用下画线或者短画线来替代这些非法字符，以保证文件名的通用性。如果用户留心的话，会发现所有网络文件都是没有空格的，因为空格也不是标准的字符，使用下画线或者短画线来替换空格。

在"文件处理"选项卡中，文件名生成区域下方是Camera Raw缓存设置区域，Lightroom将使用这个文件夹作为工作文件的缓存。用户可以在这里更改缓存位置，笔者建议选择一个空间较大、速度较快的磁盘作为缓存位置。如果用户的C盘空间很大，也可以使用默认设置。单击"选择"按钮，在弹出的"选择文件夹"对话框中可设置缓存磁盘位置。总之，设置的原则是保证足够的缓存大小，以加快Lightroom的运行速度。

在"界面"选项卡中，从"面板"设置区域的相应菜单中选择相应的选项，即可更改界面字体大小或面板结尾标记，如图1-29所示。

图1-28　"文件处理"选项卡　　　　图1-29　"界面"选项卡

一般软件的首选项菜单也就是配置菜单，在里面可以调整该软件的各项配置。如果出现异常现象，可能是因为首选项已损坏。如果用户怀疑首选项已损坏，可将首选项恢复为默认设置。

2. "图库""照片"和"元数据"菜单

"图库"菜单主要用于管理图库中导入的照片，包括创建收藏夹、查找照片、对照片进行评级、选择照片等，如图1-30所示。

"照片"菜单主要用于对选择的照片进行一些简单的操作，如放大显示照片、翻转照片、为照片添加星级、设置关键字、删除照片等，如图1-31所示。

"元数据"菜单主要用于为选择的照片添加元数据、设置拍摄时间、添加和导入/出关键字等，如图1-32所示。

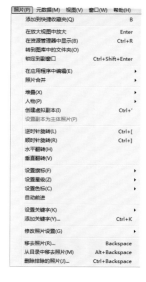

图1-30 "图库"菜单列表　　　　图1-31 "照片"菜单列表　　　　图1-32 "元数据"菜单列表

　　元数据最本质、最抽象的定义为：data about data（关于数据的数据），是一种广泛存在的现象，在许多领域有其具体的定义和应用。元数据是软件特有的或者以 XMP 标准为基础的嵌入性数据，尤其常用在便于图像文件管理的图片数据库中。除了传统的五星级评价外，它可以有可自由设定的颜色编码、关键词以及文本框，这些数据都是为了便于对图像文件进行个性化的结构整理而创建的。数码相机拍摄的照片，都保存有一些"元数据"，这些数据记录了诸如相机品牌和类型、快门速度、光圈大小等信息，很多软件都可以把这些数据读取出来。摄影爱好者通过对照片和这些数据的研究，能够学习很多的拍摄技巧。

3."视图""窗口"和"帮助"菜单

　　"视图"菜单可以对图像的视图模式进行调整，包括放大、缩小视图，转到修改照片并设置网格以及添加布局等，如图1-33所示。

　　"帮助"菜单可以帮助解决用户的一些疑问，使用户更快地掌握Lightroom 6/CC，如图1-34所示。

　　利用"窗口"菜单命令可以对工作区进行调整，如设置屏幕模式、背景光等。此外，在"窗口"菜单下还可在模块之间切换，例如，单击"窗口"|"地图"命令，即可快速切换至"地图"模块，如图1-35所示。

图1-33 "视图"菜单列表　　　　　　　图1-34 "帮助"菜单列表

图1-35 通过"窗口"菜单命令切换模块

1.2.4 认识各种模块功能

　　Lightroom 6/CC是一个供专业摄影师使用的完整工具箱，包含多个模块。每个模块都特别针对摄影工作流程中的某个特定环节："图库"模块用于导入、组织、比较和选择照片；"修改"照片模块用于调整颜色和色调或者对照片进行创造性的处理；幻灯片放映模块、打印模块和Web

模块则用于演示照片。Lightroom工作区中的各个模块都包含若干面板，其中含有用于处理照片的各种选项和控件。下面将对常用的"图库""修改照片""画册""幻灯片放映""打印"和Web这6个模块进行详细的讲解。

1. "图库"模块

导入并管理照片是后期处理流程的第一步，在Lightroom中利用"图库"模块可以完成照片的导入和管理操作。

"图库"模块是所有文件夹和图像存储的地方，在该模块中可以不断选择各文件夹中的图像，还提供了关键字和标题输入区等方法，如图1-36所示。在"图库"模块左右两侧的面板中，左侧面板中包含了"导航器""目录""文件夹""收藏夹"和"发布服务"5个设置选项；右侧的面板中包含了"直方图""快速修改照片""关键字""关键字列表""原数据"和"评论"6个选项。

图1-36 "图库"模块

2. "修改照片"模块

"修改照片"模块是Adobe Photoshop Lightroom中最重要的一个模块，是应用照片所有修饰功能的核心，照片的后期处理基本上都在该模块中完成，可以说是"照片加工"的主要场所，如图1-37所示。

"修改照片"模块中包含了所有的RAW格式照片设置，在该模块下除了可以对图像进行色调曲线设置和各种影调控制外，还可以通过灰度转换功能直接将彩色照片转换为黑白照片，通过色调分割来快速建立正片负冲效果等。

图1-37 "修改照片"模块

3."画册"模块

在Lightroom中,通过"画册"模块可以设置照片画册,并将其上传到相应的网站中,如图1-38所示。在Lightroom中预设了180种专业的画册布局,可以方便画册的制作。

可以将制作完成的画册存储为Adobe PDF文件或者单个JPEG文件。

图1-38 "画册"模块

4."幻灯片放映"模块

在Lightroom的"幻灯片放映"模块下,可以将照片设置为幻灯片效果,用于浏览与查看照片,用户在操作时,可以利用Lightroom中预设的布局模块设置整个幻灯片的布局效果,也可以根据个人喜好自定义幻灯片的布局。单击"幻灯片放映"标签,切换至"幻灯片放映"模块,在此模块下即可开始幻灯片的制作,如图1-39所示。

图1-39 "幻灯片放映"模块

5."打印"模块

在 Lightroom 中，通过"打印"模块可以设计照片的打印版面，用户可以利用 Lightroom 中预设的打印页面的布局模板设置打印效果，也可以按照个人喜好来调整版面布局，如图 1-40 所示。

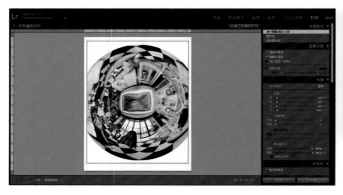

图 1-40 "打印"模块

6."Web"模块

在互联网盛行的今天，能够在网络上展示自己的作品是一件多么让人兴奋和炫耀的事情。Lightroom 预设了一系列的 Web 画廊模板，用户只需简单的几步操作，就可以制作出让人称赞的 Web 画廊，如图 1-41 所示。

图 1-41 Web 画廊

专家指点

运行 Lightroom 后，单击工作界面右上角的模块按钮，可以在"图库"模块、"修改照片"模块、"地图"模块、"画册"模块、"幻灯片放映"模块、"打印"模块和"Web"模块间切换。Lightroom 还为这 7 个工作模块配备了相应的快捷键，按住【Ctrl＋Alt】组合键的同时，按数字键 1～7 中的任意键，可以在 7 个模块间切换。

1.2.5 查看库中的照片

摄影师将拍摄的数码照片导入Lightroom中，接下来就是使用Lightroom快速浏览照片。Lightroom中提供了多种查看照片的方式，用户可以在"图库"模块中利用不同的"视图模式"查看和比较照片。

将照片导入"图库"模块中，默认以"网格视图"模式显示导入的照片，也可以单击下方的"放大视图""比较视图""筛选视图"按钮，在系统提供的不同视图模式中切换，以方便图像的浏览。

1．在"网格视图"下查看照片

在"图库"模块中，单击"网格视图"按钮，在Lightroom的视图窗口中出现已经导入的照片缩略图，如图1-42所示。

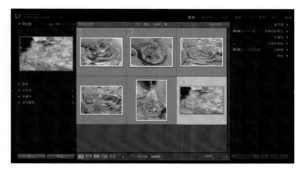

图1-42　在"网格视图"下查看照片

2．在"放大视图"下查看照片

在"图库"模块中，单击"放大视图"按钮，或者在"网格视图"中双击照片缩略图，可以在Lightroom的视图窗口查看放大了的单张照片，如图1-43所示。

图1-43　在"放大视图"下查看照片

专家指点

按【Ctrl＋＋】组合键或【Ctrl＋－】组合键可以对当前选定的图像进行放大或缩小显示。

3．在"比较视图"下查看照片

要转换到"比较视图"，按住【Ctrl】键的同时，在"网格视图"中选择要比较的两张照片，然后单击"比较视图"按钮，即可在"比较视图"下显示选中照片的对比效果，如图1-44所示。

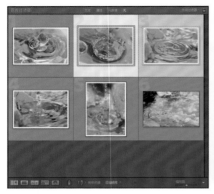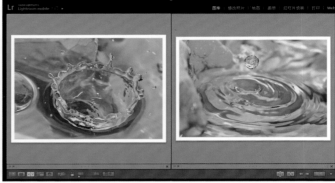

图1-44　在"比较视图"下查看照片

4．在"筛选视图"下查看照片

在"筛选视图"下不仅可以对比两张照片，还可以同时对比和查看多张照片。在"网格视图"下，按住【Ctrl】键的同时选中多张照片，然后单击"筛选视图"按钮，即可切换至"筛选视图"，如图1-45所示。

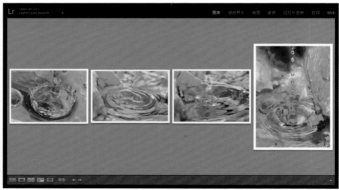

图1-45　在"筛选视图"下查看照片

1.2.6　简化工作界面

1．更改屏幕模式

在Lightroom 6/CC中，可以更改屏幕模式以隐藏面板。

单击"窗口"|"屏幕模式"命令，在其子菜单中选择一个选项即可，如图1-46所示。按【F】键可在"正常""全屏""全屏预览"（如图1-47所示）、"带菜单栏的全屏模式"（如图1-48所示）、"全屏并隐藏面板"（如图1-49所示）这几种模式之间进行切换。

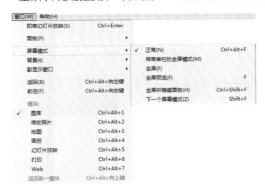

图1-46　"屏幕模式"子菜单

图1-47　"全屏预览"模式

按【Ctrl + Alt + F】组合键可以从"带菜单栏的全屏模式"或"全屏"模式切换到"正常"屏幕模式。按【Shift + Ctrl + F】组合键可以进入"全屏并隐藏面板"模式，这会隐藏标题栏、菜单和面板。处于"全屏并隐藏面板"屏幕模式时，按【Shift + Tab】组合键，然后按【F】键可显示面板和菜单栏。

2．手动隐藏面板

启动Lightroom后，通常都是以默认的工作区显示打开的图像，而在实际的操作过程中，用户可以将工作区中一部分不需要的面板隐藏起来，使工作界面更加简洁，方便图像的浏览和查看。

执行菜单命令隐藏面板：在菜单栏中，单击"窗口"|"面板"命令，在打开的子菜单中选择要隐藏面板的菜单命令，即可将工作界面中显示的面板隐藏，如图1-50所示。

图1-48　带菜单栏的全屏模式

图1-49　"全屏并隐藏面板"模式

专家指点

Lightroom与其他照片处理软件一样，都可以通过菜单栏中的菜单命令来处理、编辑图像，在菜单栏中执行菜单命令后，弹出对应的对话框，或者对图像执行相应的操作。

图1-50　执行菜单命令隐藏面板

单击按钮隐藏面板：除了可以用菜单命令隐藏面板外，还可以通过面板左右侧的小三角形按钮隐藏面板。将鼠标指针移动到需要隐藏的左面板左侧的小三角位置，单击隐藏左侧面板，再单击右侧面板右侧的小三角形按钮，隐藏右侧面板，得到更简洁的工作界面，如图1-51所示。

图1-51　单击按钮隐藏面板

1.3　Lightroom 6/CC 新增功能

　　Adobe 于 2015 年发布了最新的 Lightroom 6/CC，这是继 Lightroom 5 后的一个主要更新版本，该版本加入了面部识别和 HDR Merge 等诸多新功能，本节将分别进行介绍。

1.3.1　超方便的人脸辨识

　　Lightroom 6/CC 搭载的新的人脸辨识功能，会自动显示作品中的人脸，让用户核定，这有点像 Facebook 的标注功能，通过 Tag 标注，用户可在自己众多的作品中迅速整理出自己为某个人拍的照片。单击 Lightroom 的身份标识区域，在弹出的列表框中选择"人脸检测"选项，如图 1-52 所示。Lightroom 即可开始检测计算机中的所有照片，通常需要较长的时间才能完成检测。不过，在此过程中，用户可以随时暂停该操作。

图1-52　选择"人脸检测"选项

　　另外，可以在 Lightroom 6/CC 的工具栏中找到一个新的"人物视图"模式，单击该按钮可进入"人物视图"模式，并开启人脸识别功能，如图 1-53 所示。当用户选择没有人物的收藏夹后，单击"人物视图"按钮，Lightroom 会自动搜索其中的人物，在如图 1-54 所示的收藏夹中，Lightroom 并没有搜索到人物。

图1-53　"人物视图"模式　　　　　　　　　　图1-54　自动搜索其中的人物

　　在"放大视图"模式中，可以单击工具栏中的"绘制人脸区域"按钮，在人物照片中绘制人脸区域，如图1-55所示。另外，还可以在上方的文本框中输入人物名称，如图1-56所示。

图1-55　绘制人脸区域　　　　　　　　　　图1-56　输入人物名称

　　执行操作后，即可标注照片中的人脸，也可以单击"绘制人脸区域"按钮 ▣ 来隐藏或显示照片中的人脸标注，如图1-57所示。

图1-57　显示与隐藏人脸标注

　　添加相应的人脸标注后，选择有人物的收藏夹后，单击"人物视图"按钮，Lightroom会自动搜索其中的人物，如图1-58所示。

　　双击相应的人物组，可查看该组中的所有人物照片，如图1-59所示。

图1-58　"人物视图"模式

图1-59　已确认的人物组

1.3.2　HDR图片轻松制作

　　Lightroom 6/CC可支持RAW档直接合成HDR，操作非常简单，且针对合成后的影像，还有自动调整及去鬼影等细部调整功能，合成完毕也能以RAW档形式储存，以尽可能地保留影像动态细节。

在 Lightroom "图库"模块中导入两张 RAW 格式的照片，在"网格视图"下，按住【Ctrl】键的同时选中两张照片，如图 1-60 所示。单击菜单栏中的"照片"|"照片合并"|"HDR"命令，如图 1-61 所示。

图 1-60　选中两张照片　　　　　　　　　　　　图 1-61　单击"HDR"命令

高动态范围图像（High-Dynamic Range，简称 HDR）相比普通的图像，可以提供更多的动态范围和图像细节，根据不同曝光时间的 LDR（Low-Dynamic Range）图像，利用每个曝光时间相对应最佳细节的 LDR 图像来合成最终 HDR 图像，能够更好地反映出真实环境中的视觉效果。

现实真正存在的亮度差，即最亮的物体亮度，和最暗的物体亮度之比为 10^8，而人类眼睛所能看到的范围是 10^5 左右，但是一般的显示器、照相机能表示的只有 256 种不同的亮度。但是摄影师可以多拍几张照片，2 张、3 张甚至几十张，这些照片的曝光依次增大，随着照片曝光的增大，照片会依次变亮，换一种角度，照片所表示的细节会由暗处向亮处改变。根据上面的原理，如果将照相机拍摄的很多张图片合成，结果图片的数量级可能设置为更多。

这样问题就出现了，2^{16} 或者更高数量级的亮度只能存在计算机里，而一般的显示器只能表示 256 个亮度数量级，用 256 个数字来模拟所能表示的信息，这种模拟的方法就是 HDR 技术的核心内容之一。用 HDR 技术处理以后，合成的 HDR 影像就能很好地在显示器上显示了，给人震撼人心的效果。

执行操作后，弹出"HDR合并预览"对话框，显示正在创建HDR预览提示，如图1-62所示。稍等片刻，Lightroom会自动完成HDR合并操作，并在预览窗口中显示效果，如图1-63所示。

图1-62　"HDR合并预览"对话框

图1-63　完成HDR合并操作

单击"合并"按钮，即可合并HDR，对比效果如图1-64所示。

图1-64　RAW格式照片的HDR合成效果

专家指点

　　HDR图片是使用多张不同曝光的图片，然后再用软件将它们组合成一张图片。它的优势是最终可以得到一张无论是在阴影部分，还是高光部分都有细节的图片。在正常的摄影当中，或许只能选择两者之一。

1.3.3 全景图片效果惊人

除了可直接将HDR合成RAW格式外，Lightroom 6/CC也支持RAW档的全景拼接，并可针对不同视角效果选择，合成后一样能以RAW档的格式储存，如图1-65所示。

图1-65 叹为观止的全景图

专家指点

全景拼接的原理是将多张连续的照片拼接成一张全景照片。目前许多单反相机、便携数码相机和智能手机都内置有这种功能。若是使用没有全景拼接功能的单反相机拍摄，也可以利用后期软件制作高画质、高像素的全景拼接照片。制作时只要遵守一些拍摄法则与拼接步骤，一样可以轻松达成。

其实，全景拼接功能非常实用，可以大幅扩展镜头的表现能力，但在技术上，单张照片的拍摄质量会直接影响后期合成的效果。拍摄要点简要列举如下，做到了这些，就能获得理想的全景拼接效果。

使用三脚架，确保证拍摄位置固定和水平。

使用标准或中焦镜头，以维持最小的镜头畸变和变形。

使用手动曝光、手动白平衡、手动对焦，使画面均一。

每两张画面之间有1/3的区域是重迭的。

在"网格视图"模式下，按住【Ctrl】键的同时选中多张照片，如图1-66所示。单击菜单栏中的"照片"|"照片合并"|"全景图"命令，如图1-67所示。

图1-66　同时选中多张照片

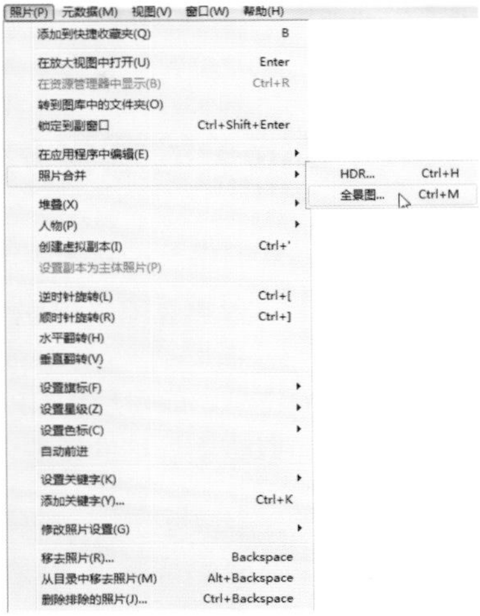

图1-67　单击"全景图"命令

执行操作后，弹出"全景合并预览"窗口，提示正在创建全景图预览，如图1-68所示。稍等片刻，Lightroom自动完成全景图合并，并在预览窗口中显示效果，如图1-69所示，单击"合并"按钮即可。

图1-68　"全景合并预览"窗口

图1-69　完成全景图合并

1.3.4　GPU相关的增强功能

　　Lightroom 6/CC提供一种新的首选项，旨在让用户充分利用计算机的图形处理单元（GPU）。为了获得最佳性能，许多"修改照片"模块操作都可以利用GPU。

　　单击"编辑"|"首选项"命令，弹出"首选项"对话框，切换至"性能"选项卡，选中"使用图形处理器"复选框，即可启用GPU功能，如图1-70所示。单击"系统信息"按钮，弹出"系统信息"窗口，可以查看详细的系统信息，如图1-71所示。

图1-70　"性能"选项卡

图1-71　"系统信息"窗口

　　需要注意的是，Lightroom 6/CC要求GPU为OpenGL 3.3或更高版本。如果是在Mac OS X上运行Lightroom，则可以使用对应的MacOS X 10.9或更高版本的图形处理器。

1.3.5 校正宠物眼睛效果

Lightroom 6/CC中的宠物眼睛校正与红眼校正的方式非常相似，它可帮助用户校正照片中拍摄到的不自然的宠物眼睛颜色。在"修改照片"模块中，单击"红眼校正"工具图标，单击"宠物眼"按钮，如图1-72所示。单击宠物眼睛，并从眼睛的中心拖动以选择瞳孔，必要时可调整某些设置，如图1-73所示。

图1-72　单击"宠物眼"按钮　　　　　　　　　　图1-73　选择瞳孔

单击"完成"按钮，即可校正宠物眼睛效果，如图1-74所示。

图1-74　校正宠物眼睛效果

1.3.6 滤镜画笔功能

在Lightroom 6/CC中，用户可以使用"画笔"控件修改渐变滤镜和径向滤镜蒙版。添加蒙版后，要访问画笔控件时，选择"新建／编辑"旁边的"画笔"选项，如图1-75所示。Lightroom 6/CC允许用户自定义3种滤镜画笔：A（＋）、B（＋）、擦除（－），并自定义这些画笔的多个设置。例如，使用擦除画笔擦除不需要的径向滤镜蒙版，效果如图1-76所示。

图1-75 "画笔"选项区

图1-76 滤镜画笔效果

图1-77 编辑滤镜的调整范围

专家指点

滤镜笔刷，可以让放射性滤镜及渐层滤镜的使用范围更加精确，就放射性滤镜来说，以往只能使用圆形或椭圆形做为调整范围，如今加上滤镜笔刷功能，用户可编辑滤镜的调整范围，如图1-77所示。

1.3.7　高级视频幻灯片展示

除了可单一编辑照片外，全新的 Lightroom 6/CC 可将一系列照片结合制作成幻灯片，更可加入音乐，以及影像平移与缩放效果。进入"幻灯片放映"模块，展开"音乐"选项区，单击"添加音乐"按钮，如图 1-78 所示。弹出"选择要播放的音乐文件"对话框，选择需要的音乐文件，如图 1-79 所示。

图1-78　单击"添加音乐"按钮　　　　　　　图1-79　选择要播放的音乐文件

单击"选择"按钮，即可添加音乐文件，如图 1-80 所示。单击右下角的"播放"按钮，可开始播放幻灯片，同时播放添加的音乐文件，增加幻灯片的意境效果，如图 1-81 所示。

图1-80　添加音乐文件

图1-81　播放幻灯片

另外，还可以将做好的幻灯片导出为视频。进入"幻灯片放映"模块，做好幻灯片效果后，单击左下角的"导出为视频"按钮，如图1-82所示。弹出"将幻灯片放映导出为视频"对话框，可以在此设置相应的保存位置、文件名、视频样式等，如图1-83所示。

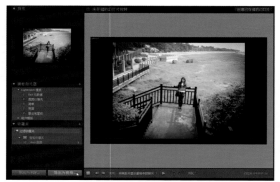

图1-82　添加音乐文件

图1-83　播放幻灯片

单击"保存"按钮，即可将幻灯片导出为MP4视频文件，如图1-84所示。双击视频文件可播放视频文件，如图1-85所示。

图1-84　将幻灯片导出为MP4视频文件

图1-85　播放视频文件

专家指点

　　Lightroom CC与Lightroom 6最大的区别在于配备了云服务功能。Lightroom 6仅需单次购买，售价149.99美元（约合人民币930元），Lightroom CC则需要订阅Adobe Creative Cloud Photography Plan服务，每月的价格为9.99美元（约合人民币62元）。Adobe还表示通过Lightroom的云服务功能，用户可以在计算机、网页、iPad、iPhone以及Android设备上随时管理、编辑、分享照片，甚至还可以将用iPhone拍摄的照片直接存入Lightroom中。Lightroom云服务还会使各个平台的照片同步，用户在某个平台上对照片进行的修改也会自动出现在其他平台上。

第2章 方便快捷: 导入、管理与查看照片

Lightroom 的数据库结构让很多新手感觉非常 "痛苦", 因为用户必须在处理照片之前就要将照片导入 Lightroom 的目录。不过, 这样做也有一个优点, 就是会给今后的工作带来很多便利, 而且当你熟练之后, 会发现这也并不真的是一件很痛苦的事情。本章将重点介绍使用 Lightroom 导入、管理与查看照片的详细方法, 帮助你轻松迈过艰难的第一步。

2.1 使用Lightroom导入照片

2.1.1 设置导入首选项

  Lightroom是一个数据库驱动的应用软件，它将照片的信息存储在一个"目录（catalog）"中。安装完成后，Lightroom"目录"一开始是空的。用户需要先将照片导入该"目录"中，再对它们做出进一步的操作。将照片填入一个新的"目录"也让用户能认真思考如何管理自己的照片文件并建立一套可靠、统一的工作流程。当然，首先需要考虑的问题就是该如何以及在何处存储照片文件。

  因此，在导入照片之前，用户先要做一些导入设置。

步骤 01 在Lightroom中，单击"编辑"|"首选项"命令，弹出"首选项"对话框，切换"常规"选项卡，在"导入选项"区域中可以进行相应设置，如图2-1所示。

步骤 02 单击"转到目录设置"按钮，弹出"目录设置"对话框，如图2-2所示。

步骤 03 切换至"文件处理"选项卡，在"预览缓存"区域从上到下可以看到3个命令，分别是标准预览大小、预览品质和自动放弃1:1预览，可以在"文件处理"选项卡这里设置预览的质量，如图2-3所示，设置后单击"确定"按钮，在下次导入照片时会按设置导入照片。

图2-1 "首选项"对话框

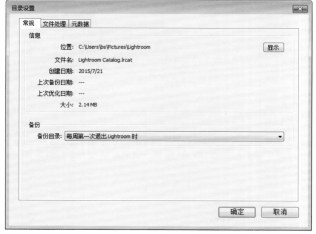

图2-2 "目录设置"对话框

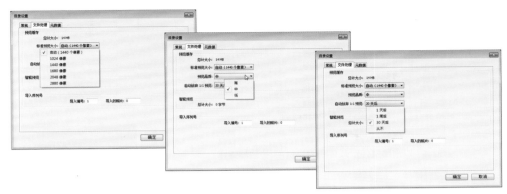

图2-3　设置预览质量

　　预览设置是非常重要的选项，它将影响Lightroom的导入和照片渲染过程。"预览缓存"区域3个命令的主要作用如下。

　　标准预览大小：预览大小决定Lightroom生成的预览文件尺寸。例如，照片的长边是4000像素，通过建立一个长边1440像素的预览能够减小预览文件大小，加快浏览速度。一般来说，设置预览大小的原则是匹配显示器尺寸，选择略微小于或者略微大于显示器长边的选项。

　　预览品质：建议选择"高"选项，这样可以让Lightroom用最高品质来渲染预览，并且使用最广的色域来还原照片，使生成的预览在色彩还原上更准确。

　　自动放弃1:1预览：例如，一张长边为4000像素的照片在Lightroom中生成一张长边为1440像素的预览，如果将照片放大到100%，显然1440像素的标准预览无法满足用户的要求，此时Lightroom要渲染全尺寸的预览，也就是1:1预览。也就是说，即使用户在导入照片时没有选择渲染1:1预览，Lightroom也会在必要时建立1:1预览。但由于1:1预览的文件较大，因此需要让Lightroom定期清理这些预览，以减小预览文件夹的大小。

　　在"导入选项"区域中有以下两个选项需要额外注意。

　　"检测到存储卡时显示导入对话框"复选框：如果选中该复选框，则当用户插入存储卡之后，Lightroom会自动弹出导入对话框。如果用户不喜欢这个操作，可以取消选中该复选框。

　　"将RAW文件旁的JPEG文件视为单独的照片"复选框：很多相机都可以同时记录RAW和JPEG照片，使得每张RAW照片都有一张相应的JPEG照片，如果用户在拍摄时选择了RAW＋JPEG，而又希望在后期分别处理RAW和JPEG照片，则需要选中该复选框。这样，Lightroom会把RAW和JPEG视作两张不同的照片。如果取消选中该复选框，在Lightroom中就只能看到一张照片，Lightroom会将JPEG作为RAW的附属文件。打开元数据面板，在附属文件中可以看到除了NEF文件之外，这个RAW文件还有一个JPG附属文件，如图2-4所示。

图2-4 以附属文件形式存在的JPEG照片信息提示

2.1.2 支持的文件格式

Lightroom同很多照片处理软件一样，支持多种格式的文件导入，包括RAW格式、数字负片格式（DNG）、TIFF格式、JPEG格式和Photoshop格式（PSD）等。

RAW格式：RAW格式包含来自数码相机传感器的未处理的数据。大多相机制造商都以专用相机格式存储图像数据。Lightroom可以读取大多数相机的数据，并将这些数据处理成全彩色照片。可以通过修改照片模块中的控件来处理和解析照片的原始图像数据。

专家指点

如果用户在Lightroom中打开Camera Raw文件时遇到问题，如格式不能正确识别等，则很有可能是Lightroom的版本过旧，不支持用户的相机，因此需要及时更新Lightroom软件。

数字负片格式（DNG）：Lightroom可以导入32位的DNG图像。在Lightroom中，还可以将专用RAW文件转换为DNG格式。

TIFF格式：标记图像文件格式（TIFF、TIF）用于在应用程序和计算机平台之间交换文件。TIFF是一种灵活的位图图像格式，几乎所有的绘画、图像编辑和页面排版应用程序都支持这种格式，而且，几乎所有的桌面扫描仪都可以产生TIFF图像。Lightroom支持以TIFF格式存储的大型文档（每条边的像素高达65000）。但是，大多数其他应用程序，包括旧版本的Photoshop（Photoshop CS之前的版本），均不支持文件大小超过2GB的文档。Lightroom可以导入8位、16位和32位的TIFF图像。与Photoshop格式（PSD）相比，TIFF格式能够提供更出色的压缩能力和行业兼容性，在Lightroom和Photoshop之间交换文件时，建议采用这种格式。在Lightroom中，用户可以每通道8位或16位的位深度导出TIFF图像文件。

JPEG格式：联合图像专家组（JPEG）格式通常用于在Web照片画廊、幻灯片放映、演示以及其他在线服务中显示照片和其他连续色调图像。JPEG可保留RGB图像中的所有颜色信息，但会有选择地放弃一些数据来压缩文件大小。JPEG图像在打开时自动解压缩。在大多数情况下，"最高品质"设置产生的结果与原图像几乎没有差别。

Photoshop格式（PSD）：PSD格式是标准的Photoshop文件格式。要在Lightroom中导入并处理多图层的PSD格式文件，在Photoshop中存储该PSD文件时，必须启用"最大兼容PSD和PSB文件"首选项。该选项可在Photoshop的文件处理首选项中找到，如图2-5所示。Lightroom可以每通道8位或16位的位深度导入和保存PSD文件。

CMYK文件：Lightroom虽然也可以导入CMYK文件，但是调整和输出还是在RGB色彩空间上执行的。

图2-5　启用"最大兼容PSD和PSB文件"首选项

视频文件：Lightroom可从数码相机导入AVI、MOV、MP4和其他数字视频文件。

不支持的文件格式：Lightroom不支持的文件类型包括PNG、Adobe Illustrator®、Nikon扫描仪NEF，以及尺寸大于65000像素（每边）或者整体大于512百万像素的文件。

专家指点

　　要从扫描仪导入照片，应该使用扫描仪软件将照片扫描为TIFF或DNG格式的文件，然后将这些文件导入Lightroom。Lightroom是一个基于数据库的软件，它能够记录照片在磁盘上的位置。如果在Lightroom外移动照片，Lightroom数据库将丢失这些照片。笔者认为，对于新手来说，保持合理有序的照片文件夹对长期管理照片、顺畅地使用Lightroom相当重要。

　　因此，如果用户准备长期使用Lightroom来处理照片，最好在第一次导入照片前做重要的准备工作——把所有的照片都放到一个照片文件夹里。把自己的照片整齐地排列在一个地方，并按照时间、地点等顺序进行分类，这样就不会面对一大堆乱七八糟的照片而一筹莫展了。

2.1.2 手动导入照片

完成照片导入前的设置工作后，就可以导入照片了，需要将计算机磁盘、相机存储卡或移动硬盘中的照片添加到Lightroom中，通过"导入"面板，可完成照片的选择、备份、转换格式和为导入照片添加识别信息等。

步骤 01 在Lightroom中，单击"文件"|"导入照片和视频"命令，如图2-6所示。

步骤 02 执行操作后，打开"导入"窗口，如图2-7所示。

步骤 03 在面板中单击"选择源"选项，在弹出的菜单中选择"其他源"选项，如图2-8所示。

图2-6 单击"导入照片和视频"命令

图2-7 打开"导入"窗口

步骤 04 执行操作后，弹出"选择源文件夹"对话框，从中选择相应的照片文件夹，如图2-9所示。

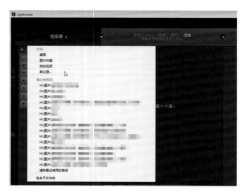

图2-8 选择"其他源"选项

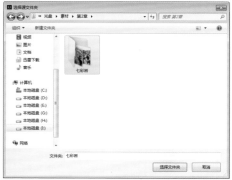

图2-9 "选择源文件夹"对话框

步骤 05 单击"选择文件夹"按钮，在"导入"窗口中可查看选择源文件夹中的照片缩略图效果，如图2-10所示。

步骤 06 单击"导入"按钮，即可完成照片的导入操作，如图2-11所示。

图2-10 选择要导入的照片

图2-11 导入照片

2.1.3 自动导入照片

在Lightroom中启用"自动导入"功能，可以监视文件夹中是否有照片，如果有，则将这些照片导入目录中的目标文件夹，再将照片导入"图库"，从而实现自动将照片导入Lightroom中。

步骤 01 在Lightroom中，单击"文件"|"自动导入"|"自动导入设置"命令，如图2-12所示。

步骤 02 执行操作后，弹出"自动导入设置"对话框，单击"监视的文件夹"右侧的"选择"按钮，如图2-13所示。

图2-12 单击"自动导入设置"命令

图2-13 单击"选择"按钮

步骤 03 执行操作后，弹出"从文件夹自动导入"对话框，从中选择要监视的文件夹，如图2-15所示。

在Lightroom中要实现自动导入，必须在"自动导入设置"对话框中指定导入照片的监视文件夹、导入照片后的目标文件夹等，以便准确导入照片。

在"自动导入设置"对话框中，指定以下任意选项。

监视的文件夹：选择或创建监视的文件夹，Lightroom会在其中检测要自动导入的照片。需要注意的是，指定的文件夹必须为空，否则会弹出提示信息框，如图2-14所示。"自动导入"功能不会监视所监视文件夹的子文件夹。

目标位置：用于选择或创建文件夹，自动导入的照片会移至该文件夹中。

文件命名：为自动导入的照片命名。

信息：将"修改照片"设置、元数据或关键字应用于自动导入的照片。

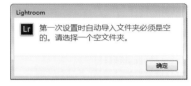

图2-14 提示信息框

步骤 04 单击"选择文件夹"按钮，在"自动导入设置"对话框中指定监视的文件夹，如图2-16所示。

步骤 05 在监视文件夹添加照片后，还需要指定目标文件夹，单击"目标位置"选项区中的"选择"按钮，弹出"选择文件夹"对话框，从中指定目标文件夹，如图2-17所示。

图2-15 选择要监视的文件夹

图2-16 指定监视的文件夹

步骤 06 单击"选择文件夹"按钮，设置照片导入的目标位置，选中"启用自动导入"复选框，单击"确定"按钮保存设置，如图2-18所示。

步骤 07 将要进行自动导入的照片复制到"监视文件夹"中，如图2-19所示。

步骤 08 此时可以看到照片自动导入Lightroom中，如图2-20所示。

图2-17　指定目标文件夹

图2-18　选中"启用自动导入"复选框

图2-19　在"监视文件夹"中放入照片

图2-20　照片自动导入Lightroom中

专家指点

　　设置自动导入之后，只需将照片拖动到监视的文件夹，Lightroom便会自动导入这些照片，从而使用户可以绕过"导入"窗口。当Lightroom不支持用户的相机进行联机导入时，"自动导入"功能非常有用：用户可以使用第三方软件将照片从自己的相机下载到监视的文件夹中，实现快速导入。另外，也可以单击"文件"|"自动导入"|"启用自动导入"命令来启用"自动导入"功能，如图2-21所示。

步骤 09 打开刚才设置的目标位置文件夹，可以看到照片已经自动复制到该文件夹中，如图 2-22 所示。

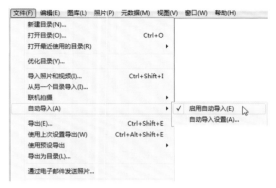

图2-21 单击"启用自动导入"命令

图2-22 照片自动复制到目标位置文件夹

2.1.5 重命名所有照片

重命名照片是为了获得系统化的照片名组织途径，就好像把照片有序组织在一个照片文件夹中一样。在Lightroom中重命名照片非常简单，操作步骤如下。

步骤 01 启动Lightroom软件，将照片素材导入"图库"模块中，如图 2-23 所示。

步骤 02 按【Ctrl + A】组合键，选中所有照片，如图 2-24 所示。

图2-23 将照片素材导入"图库"模块

图2-24 选中所有照片

步骤 03 在菜单中，单击"图库"|"重命名照片"命令，如图2-25所示。

步骤 04 执行上述操作后，弹出"重命名照片"对话框，在"文件命名"下拉列表框中选择"编辑"选项，如图2-26所示。

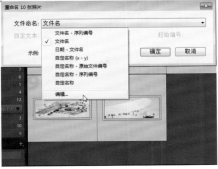

图2-25 单击"重命名照片"命令　　　　　图2-26 选择"编辑"选项

步骤 05 执行上述操作后，弹出"文件名模板编辑器"对话框，如图2-27所示。

步骤 06 在文件名文本框中输入"沙漠绿洲"，在"日期"下拉列表框中选择"日期（Year Month Data）"选项，单击"插入"按钮，如图2-28所示。

图2-27 "文件名模板编辑器"对话框　　　图2-28 设置文件名模板

专家指点

　　如果指定使用序号的命名选项，Lightroom会对照片顺序编号。如果不希望从"1"开始编号，可以在"起始编号"框中输入其他数字。要快速重命名图库模块中的单张照片，可以先选择该照片，然后在"元数据"面板的"文件名"字段输入新名称。

步骤 07 单击"完成"按钮，返回"重命名照片"对话框，在"示例"选项区中可以看到重命名的示例，如图2-29所示。

步骤 08 单击"确定"按钮，即可重命名多张照片，效果如图2-30所示。

图2-29 "文件名模板编辑器"对话框　　　　　图2-30 设置文件名模板

　　完成照片的导入之后，笔者建议用户要做的第一件事情就是重命名照片。重命名照片首先是为了避免在硬盘上出现大量重复的文件名。绝大多数相机都采用循环数字命名照片，一般在1～9999之间重复。也就是说，用户拍摄的第一万张照片与第一张照片的名称是相同的，都是0001。如果用户用一台相机拍了几万张照片，硬盘上就会有大量重名的照片，这是用户应该尽可能避免的事情。

　　通常情况下，最常用的文件命名逻辑一般是按照日期来命名。Lightroom提供了多种日期模板，在"文件名模板编辑器"对话框中的"日期"下拉列表框中可以选择任意日期格式。例如，将日期和序列编号插入模板，即形成了"20140706_001"这样的文件名形式。Lightroom插入的是用户拍摄照片时的日期，也就是EXIF文件中记录的拍摄时间。当然，也可以使用地名、拍摄模特的人名或者任何对自己来说有意义的字段来命名。

2.2　使用Lightroom管理照片

　　完成照片导入工作后，接下来就是对照片进行管理设置。"图库"模块左侧的"收藏夹"面板可以将照片组合在一个位置，以使用户能够轻松地查看照片或执行各种操作任务。

2.2.1　设置导入首选项

利用"收藏夹"面板可以快速查找到需要的照片，并且对这些照片进行相关的操作等。在使用"收藏夹"面板管理照片前，需要先创建收藏夹，然后根据需要对收藏夹中的照片进行排列。

步骤 01　启动 Lightroom 软件，将照片素材导入"图库"模块中，如图 2-31 所示。

步骤 02　在按住【Ctrl】键的同时，依次单击需要创建收藏夹的多张照片，选中这些照片，如图 2-32 所示。

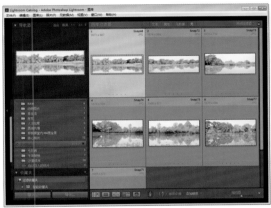

图 2-31　将照片素材导入"图库"模块　　　　图 2-32　选中多张照片

专家指点

在 Lightroom 的不同模块中，左侧和右侧的面板包含的项目都大不相同。不过，总体来说，左侧面板主要包含文件导航信息，如文件夹、收藏夹、导航窗格等，右侧面板则包含与当前模块相关的主要控制命令。通常情况下，左侧和右侧的面板都由很多不同的子面板构成，每一个子面板组织一些相似的命令。但是这些面板如果同时打开经常会显得有些混乱，这时候使用单独模式是一个不错的选择。

用鼠标右键单击左侧或者右侧面板的空白处，在弹出的快捷菜单中选择"单独模式"选项。选择单独模式之后，当打开一个面板时，其他面板会自动关闭，这将保证在用户的面板中只有一个打开的子面板，这时面板左侧的小三角形按钮从实心变成小点阵。如果按住【Alt】键单击小三角形按钮 ▶ ，则可以快速地在单独模式和普通模式之间切换。笔者认为，在那些比较复杂的右侧面板中使用单独模式要更加方便。

步骤 03 　展开"收藏夹"面板，单击右侧的"新建收藏夹"按钮 ➕，在弹出的列表框中选择"创建收藏夹"选项，如图2-33所示。

图2-33　选择"创建收藏夹"选项

步骤 04 　执行上述操作后，弹出"创建收藏夹"对话框，设置"名称"为"千年胡杨"，如图2-34所示。

步骤 05 　单击"创建"按钮，即可创建新的收藏夹，并将选择的照片自动放入收藏夹，如图2-35所示。

图2-34　"创建收藏夹"对话框

图2-35　创建新的收藏夹

步骤 06 　在"网格视图"模式下显示上一次导入的照片，然后将剩余的照片拖曳至"千年胡杨"收藏夹中，如图2-36所示。

步骤 07 　进入"千年胡杨"收藏夹，单击"排序依据"选项右侧的三角形按钮，在打开的菜单中选择"编辑时间"选项，如图2-37所示。

图2-36　将照片拖入收藏夹　　　　　　　　图2-37　选择"编辑时间"选项

步骤 08　　执行上述操作后，系统根据设置对照片进行重新排序，如图2-38所示。

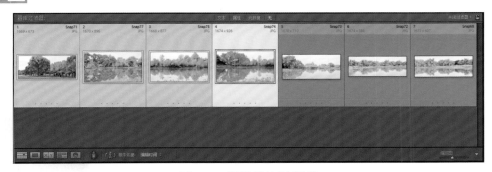

图2-38　对照片进行重新排序

使用收藏夹时，需要注意以下几点。

了解目录与收藏夹的不同之处：收藏夹是目录中的照片组。

可以创建收藏夹集来组织收藏夹，如图2-39所示。

同一照片可以属于多个收藏夹。

无法在收藏夹中堆叠照片。

可以更改普通收藏夹中照片的排列顺序，但无法通过"用户顺序"或拖动方式来重新排列智能收藏夹中的照片。

图2-39　收藏夹集

从收藏夹中移去照片时，并不会从目录中移去该照片，也不会将其发送到"回收站"。

可以明确将"幻灯片"模块、"打印"模块及"Web"模块设置存储为输出收藏夹。

2.2.2　使用智能收藏夹

　　在Lightroom中，普通收藏夹是用户选择放入组中的一组任意照片，而智能收藏夹是基于定义的规则创建的收藏夹。例如，可以创建一个包含所有具有五星级和红色色标照片的智能收藏夹，符合标准的照片会自动添加到该智能收藏夹中，而无需手动在智能收藏夹中添加或移去照片。默认情况下，Lightroom提供5个智能收藏夹，分别是："红色色标""五星级""上个月""最近修改的照片"和"无关键字"。

　　在"图库"模块中，单击"图库"|"新建智能收藏夹"命令，或者单击"收藏夹"面板右侧的"新建收藏夹"按钮 ，在弹出的列表框中选择"创建智能收藏夹"选项，都可以弹出"创建智能收藏夹"对话框，从中可以设置收藏夹的名称和收藏夹的存储位置，单击"创建"按钮，即可创建智能收藏夹，如图2-40所示。

　　此时Lightroom会将智能收藏夹添加到"收藏夹"面板，并添加目录中符合指定规则的所有照片。智能收藏夹具有一个右下角带齿轮的照片打印图标 ，如图2-41所示。

图2-40　弹出"创建智能收藏夹"对话框

　　如果要将此智能收藏夹并入现有收藏夹集中，可在"创建智能收藏夹"对话框中的"位置"选项区中选中"在收藏夹集内部"复选框。从"匹配"选项区中选择适当选项，可以为智能收藏夹指定规则，如图2-42所示。单击加号图标 ⊕ 可添加其他标准，如图2-43所示。单击减号图标 ⊖ 可移去某些标准。在按住【Alt】键的同时，单击加号图标 可打开嵌套选项，对标准进行优化。

　　创建智能收藏夹后，可以随时更改智能收藏夹的名称和匹配规则，在"收藏夹"面板中用鼠标右键单击相应的智能收藏夹，在弹出的快捷菜单中选择"编辑智能收藏夹"

图2-41　创建智能收藏夹

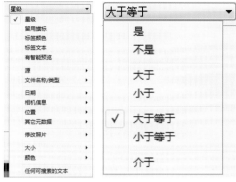

图2-42　为智能收藏夹指定规则

图2-43　添加其他标准

选项，如图2-44所示。执行操作后，弹出"编辑智能收藏夹"窗口，在其中可以设置新规则和选项，单击"存储"按钮完成修改，如图2-45所示。

图2-44　选择"编辑智能收藏夹"选项

图2-45　"编辑智能收藏夹"窗口

需要注意的是，无法通过"用户顺序"或拖动方式来重新排列智能收藏夹中的照片。

通过导出智能收藏夹设置，然后将其导入其他目录，可以共享智能收藏夹。Lightroom的智能收藏夹设置文件使用文件扩展名.lrsmcol。导出智能收藏夹时，会导出该智能收藏夹的规则，但不会导出其中的照片。在导入智能收藏规则时，Lightroom会在"收藏夹"面板中创建智能收藏夹，并在目录中添加满足智能收藏夹条件的任何照片。

图2-46 "存储"对话框

要导出智能收藏夹，可在"收藏夹"面板中用鼠标右键单击相应的智能收藏夹，在弹出的快捷菜单中选择"导出智能收藏夹设置"选项，弹出"存储"对话框，在此可以设置导出的智能收藏夹文件的名称和位置，然后单击"保存"按钮，如图2-46所示。

要导入智能收藏夹，可在"收藏夹"面板中用鼠标右键单击相应的智能收藏夹，在弹出的快捷菜单中选择"导入智能收藏夹设置"选项，弹出"导入智能收藏夹设置"对话框，选择相应的智能收藏夹.lrsmcol设置文件，然后单击"打开"按钮即可，如图2-47所示。

可以将照片收藏夹导出为新目录。基于照片收藏夹创建目录时，这些照片中的设置也会导出到新目录。注意，将智能收藏夹导出为目录时，会将智能收藏夹中的照片添加到新目录中，但不会导出智能收藏夹所遵守的规则或标准。

将照片收藏夹导出为新目录的具体操作如下。

选择要用于创建目录的收藏夹或智能收藏夹，用鼠标右键单击收藏夹名称，在弹出的快捷菜单中选择"将此收藏夹导出为目录"选项，弹出"导出为目录"对话框，在其中可以设置目录的名称、位置和其他选项，然后单击"保存"按钮即可，如图2-48所示。

图2-47 "导入智能收藏夹设置"对话框 图2-48 "导出为目录"对话框

　　在Lightroom中可以通过以下几种方法生成智能预览文件。

　　导入：在将新图像导入目录时，在"导入"窗口右侧的"文件处理"面板中选中"构建智能预览"复选框，为导入目录中的所有图像创建智能预览。

　　导出：在将一组照片导出为目录时，可以选择构建智能预览并将其包含在导出的目录中。单击"文件"|"导出为目录"命令，然后选中"构建/包括智能预览"复选框。

　　动态：可以根据需要创建智能预览文件。选择要创建智能预览的文件，然后单击"图库"|"预览"|"构建智能预览"命令。

2.2.3　使用快捷收藏夹

　　在Lightroom中使用快捷收藏夹可以组合在任何模块中处理的临时照片组。通过胶片显示窗格或网格视图可以查看快捷收藏夹，还可以将快捷收藏夹转换为永久收藏夹，便于管理照片。

　　在Lightroom的"图库"模块中，可以将指定照片添加到快捷收藏夹中，在胶片显示窗格或网格视图中，选择一张或多张照片，单击"照片"|"添加到快捷收藏夹"命令，如图2-49所示，即可将相应照片添加到快捷收藏夹中，并在照片的右下角显示▣图标，如图2-50所示。

| 照片(P) | 元数据(M) | 视图(V) | 窗口(W) | 帮助(H) |

添加到快捷收藏夹(Q)	B
在放大视图中打开(U)	Enter
在资源管理器中显示(B)	Ctrl+R
转到图库中的文件夹(O)	
锁定到副窗口	Ctrl+Shift+Enter
在应用程序中编辑(E)	▶
照片合并	▶
堆叠(X)	▶
人物(P)	▶
创建虚拟副本(I)	Ctrl+'
设置副本为主体照片(P)	

图2-49　单击"添加到快捷收藏夹"命令　　　　　图2-50　将相应照片添加到快捷收藏夹中

专家指点

除了以上方法外，还有以下3种添加快捷收藏夹的方法。

在"幻灯片放映""打印"或Web模块中，单击"编辑"|"添加到快捷收藏夹"命令，也可将指定照片添加到快捷收藏夹中。

从任一模块中，选择一张照片，并按【B】键。

将鼠标指针移到缩览图图像上，并单击图像右上角的圆圈，如图2-51所示。

图2-51　单击图像右上角的圆圈

要想查看快捷收藏夹中的照片，可在"图库"模块中，选择"目录"面板上的"快捷收藏夹"选项，如图2-52所示。也可以在胶片显示窗格源指示器菜单中，选择"快捷收藏夹"选项，如图2-53所示。从快捷收藏夹中可移去照片或清除快捷收藏夹，方法为：在胶片显示窗格或网格视图中显示快捷收藏夹，在收藏夹中选择一张或多张照片，在"图库"或"修改照片"模块中，单击"照片"|"从快捷收藏夹中移去"命令即可。

图2-52　通过目录查看快捷收藏夹中的照片　　　　图2-53　通过胶片显示窗格查看快捷收藏夹中的照片

　　导入照片后，Lightroom将照片添加到目录中，并开始构建预览和对元数据进行编目。除非手动移去，否则即使将照片移出计算机并归档到其他存储位置，相应的预览和元数据也会保留在目录中。缩览图预览显示在网格视图和胶片显示窗格中，而包含导入照片的文件夹则显示在"图库"模块的"文件夹"面板中。不能多次将位于同一位置的同一张照片导入Lightroom中，除非先从目录中删除该照片。与Lightroom中的所有其他模块一样，"图库"模块会沿着软件窗口下方显示胶片显示窗格。应用过滤器，使胶片显示窗格中仅显示部分照片，这一操作将决定网格视图中显示哪些照片。

　　还可以将快捷收藏夹存储为收藏夹。存储后，可以清除该快捷收藏夹。在任意模块中，单击"文件"|"存储快捷收藏夹"命令，在弹出的"存储快捷收藏夹"对话框的"收藏夹名称"框中输入名称，如图2-54所示。单击"存储"按钮，即可将快捷收藏夹存储为收藏夹。

图2-54　"存储快捷收藏夹"对话框

　　在"存储快捷收藏夹"对话框中，若选中"存储后清除快捷收藏夹"复选框，可将快捷收藏夹存储为收藏夹后，清除此快捷收藏夹。若取消选中该选框，可在将快捷收藏夹存储为收藏夹后，保留此快捷收藏夹。

2.2.4 创建和管理文件夹

在Lightroom中，包含照片的文件夹显示在"图库"模块左侧的"文件夹"面板中。"文件夹"面板中的文件夹按字母数字的先后顺序排列，反映了所在卷的文件夹结构，如图2-55所示。单击卷名右侧的三角形图标 ◀，可查看该卷上的文件夹。单击文件夹左侧的三角形图标 ▶，可以查看其中包含的所有子文件夹。

可以在"文件夹"面板中添加、移动、重命名和删除文件夹。需要注意的是，在Lightroom中对文件夹所做的更改会实际应用于卷上的文件夹本身。

图2-55 "文件夹"面板

1. 添加文件夹

在Lightroom中每次导入照片时，系统会自动将这些照片所在的文件夹添加到"文件夹"面板中。可以通过"文件夹"面板添加文件夹以及导入其包含的照片。

步骤 01 在"图库"模块中，单击"文件夹"面板中的"新建文件夹"按钮 ➕，如图2-56所示。

步骤 02 执行上述操作后，在弹出的面板菜单中选择"添加文件夹"选项，如图2-57所示。

图2-56 单击"新建文件夹"按钮

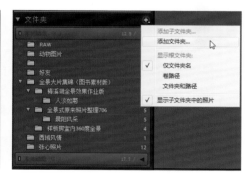

图2-57 选择"添加文件夹"选项

步骤 03 执行上述操作后，弹出"选择或者新建文件夹"对话框，导航到所需的位置，选择要添加的文件夹，然后单击"选择文件夹"按钮，如图2-58所示。

步骤 04 执行上述操作后，进入"导入"窗口，显示文件夹中的照片缩略图，如图2-59所示。

图2-58 "选择或者新建文件夹"对话框　　　　　　　　　图2-59 "导入"窗口

步骤 05 单击"导入"按钮，即可添加新的文件夹，并导入其中的照片，如图2-60所示。

图2-60 添加新的文件夹和照片

专家指点

　　Lightroom可在文件夹名称的右侧显示文件夹中的照片张数。默认情况下，选择一个文件夹时，会在网格视图和胶片显示窗格中显示该文件夹及其所有子文件夹中的全部照片。

步骤 06 在"图库"模块的"文件夹"面板中，选择要在其中新建文件夹的文件夹，然后单击"文件夹"面板顶部的"新建文件夹"按钮 ➕，在弹出的面板菜单中选择"添加子文件夹"选项，如图2-61所示。

步骤 07   执行上述操作后，弹出"创建文件夹"对话框，设置"文件夹"为"轮船"，如图2-62所示。

图2-61   选择"添加子文件夹"选项　　　　　　图2-62   "创建文件夹"对话框

步骤 08   单击"创建"按钮，在"文件夹"面板中的"海边"文件夹下新建一个名为"轮船"的子文件夹，如图2-63所示。

步骤 09   在图库中选择相应的照片，并将其拖曳至"轮船"子文件夹中，为子文件夹添加照片，如图2-64所示。

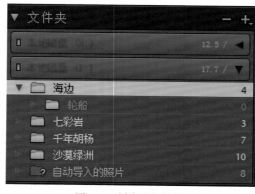

图2-63   创建子文件夹　　　　　　　　图2-64   添加照片

2．移动文件夹

在Lightroom中的"文件夹"面板中，可以将文件夹移动到其他文件夹中。不过，无法在Lightroom中复制文件夹。

在"图库"模块的"文件夹"面板中，选择一个或多个文件夹，然后拖动到其他文件夹中，如图 2-65 所示，弹出"正在移动磁盘上的文件"对话框，单击"移动"按钮，即可移动文件夹，如图 2-66 所示。

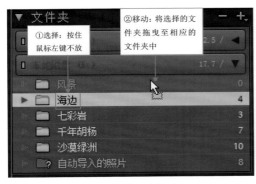

图 2-65　拖动文件夹

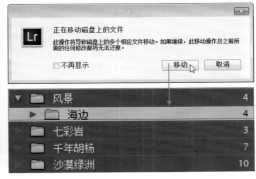

图 2-66　移动文件夹

3．查找丢失的文件夹

如果用户在操作系统中移动了某一文件夹，会使 Lightroom 中的目录和文件夹之间的链接断开，"文件夹"面板中的相应文件夹上将出现一个问号图标 。

要恢复文件夹的链接，可以用鼠标右键单击相应的文件夹，从弹出的快捷菜单中选择"查找丢失的文件夹"选项，如图 2-67 所示。弹出"查找丢失的文件夹"对话框，导航到移动的文件夹的文件路径，单击"选择文件夹"按钮，如图 2-68 所示。

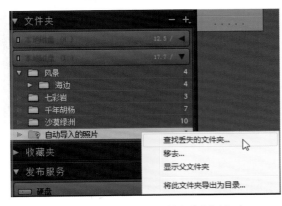

图 2-67　选择"查找丢失的文件夹"选项

图 2-68　"查找丢失的文件夹"对话框

执行操作后，即可查找丢失的文件夹，恢复文件夹的链接，如图2-69所示。

图2-69　查找丢失的文件夹

4．重命名文件夹

在Lightroom中，可以重命名"文件夹"面板中的文件夹，以便于整体管理照片。

步骤 01 　在"图库"模块中，从"文件夹"面板中选择一个文件夹，如图2-70所示。

步骤 02 　在选择的文件夹上单击鼠标右键，从弹出的快捷菜单中选择"重命名"选项，如图2-71所示。

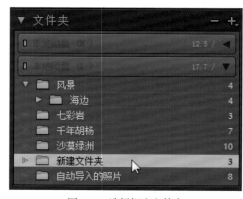

图2-70　选择相应文件夹

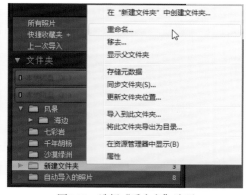

图2-71　选择"重命名"选项

步骤 03 　执行操作后，弹出"重命名文件夹"对话框，设置"文件夹名"为"蓝天白云"，如图2-72所示。

步骤 04 单击"存储"按钮，即可重命名文件夹，如图2-73所示。

图2-72 "重命名文件夹"对话框

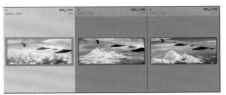

图2-73 重命名文件夹

专家指点

在"图库"模块的"文件夹"面板中，选择一个或多个文件夹，然后单击面板顶部的"删除选定的文件夹"按钮，或者用鼠标右键单击要删除的文件夹，在弹出的快捷菜单中选择"移去"选项，在弹出的"确认"对话框中，单击"继续"按钮，系统会从目录和"文件夹"面板中移去选定文件夹及其所含的照片，但不会从硬盘中删除原始文件夹及其照片。

5. 将文件夹和照片保持同步

如果目录中文件夹的内容与相应卷上同一文件夹的内容不一致，可以将这两个文件夹同步。同步文件夹时，可以选择添加已添加到文件夹但尚未导入目录中的文件、移去已删除的文件以及扫描元数据更新。文件夹及其所有子文件夹中的照片文件都可以同步，还可以确定导入哪些文件夹、子文件夹和文件。

步骤 01 在"图库"模块的"文件夹"面板中，新建一个名为"古城"的文件夹，如图2-74所示。

步骤 02 单击"图库"|"同步文件夹"命令，如图2-75所示。

图2-74 新建子文件夹

图2-75 单击"同步文件夹"命令

步骤 03 执行上述操作后，弹出"同步文件夹'古城'"对话框，保持默认设置即可，如图2-76所示。

步骤 04 单击"同步"按钮，即可将文件夹和照片保持同步，如图2-77所示。

图2-76 "同步文件夹'古城'"对话框

图2-77 将文件夹和照片保持同步

在"同步文件夹"对话框中，可以执行以下任一操作。

选中"导入新照片"复选框，即可导入显示在文件夹中，但尚未导入目录中的照片。

选中"导入前显示导入对话框"复选框，可以指定导入哪些文件夹和照片。

选中"从目录中移去丢失的照片"复选框，可移去已从文件夹中删除，但尚未从目录中删除的照片。如果此选项灰显，则表明未丢失文件。可以选择"显示丢失的照片"，在网格视图中显示这些照片。

选中"扫描元数据更新"复选框，可扫描在其他应用程序中对文件进行的任何元数据更改。

专家指点

　　如果丢失的文件夹也为空，可以使用"同步文件夹"命令将其从目录中移去。由于Lightroom没有识别重复文件的功能，因此"同步文件夹"命令不检测目录中的重复照片。

6．了解卷浏览器

"文件夹"面板中的卷浏览器提供了Lightroom中正在处理的照片的存储资源相关信息。卷浏览器中显示了目录中的照片所在各卷的卷名及卷资源的相关信息。例如，卷浏览器可以显示某个卷是处于联机状态还是脱机状态，以及可用的磁盘空间大小。在Lightroom中导入和处理照片时，卷浏览器将动态实时更新。

卷名左侧的彩色LED指明了卷资源的可用性，如图2-78所示。

绿色：可用空间为10GB或更多。

黄色：可用空间不足10GB。

橙色：可用空间不足5GB。

红色：可用空间不足1GB，工具提示会警告该卷将满。当可用空间不足1MB时，工具提示将会警告该卷已满。

灰色：卷处于脱机状态，因此无法编辑位于该卷中的照片。照片不可用时，Lightroom中仅显示其低分辨率预览。

图2-78　卷浏览器

要更改卷的显示信息，可以使用鼠标右键单击相应卷名，在弹出的快捷菜单中选择相应的选项，如图2-79所示。

在资源管理器中显示：可以在资源管理器窗口中打开该卷。

属性：可以查看该卷的"属性"窗口。

磁盘空间：显示该卷中的已用磁盘空间/总磁盘空间量。

照片数量：显示目录中有多少张照片位于该卷上。

状态：表明该卷是处于联机状态，还是脱机状态。

无：隐藏所有卷信息。

2.2.5　使用Lightroom目录

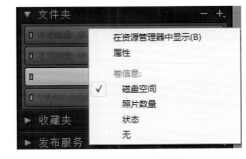

图2-79　卷名右键菜单

目录是存储照片的修改、编辑、关键字以及预览等内容的重要数据文件。Lightroom可以完全依靠目录在不更改原始照片的前提下，对照片进行数据修改，实现照片的无损修饰。

1.　理解Lightroom目录

Lightroom使用"目录"记录文件位置及文件相关信息。目录类似于含有照片记录的数据库，此记录存储在目录中，其中所含的数据包括：预览信息、指示照片在计算机上所处位置的链接、描述照片的元数据以及在修改照片模块中应用的编辑操作说明。设置照片星级、添加元数据和关键字标记、将照片组织到收藏夹中或从目录中移去照片（即使原始照片文件已处于脱机状态）时，这些设置中会存储到目录中。

通过以上所有信息，Lightroom可以灵活地管理、标识和组织照片。例如，在拍摄外景照片时，用户可以先在便携式计算机上将照片导入Lightroom，然后将原始照片移动到可写入介质或存储设备上，再继续组织和管理照片，而无需担心会装满便携式计算机硬盘。然后可以将该目录传输到台式计算机，同时保留所做的更改并记录照片的存储位置。导入外景拍摄照片的目录会与台式计算机上已存储的其他目录区分开。

　　默认情况下，Lightroom会载入最近打开的目录。可单击"文件"|"打开目录"命令打开其他目录，也可通过"常规"首选项确定打开哪个目录，如图2-80所示。

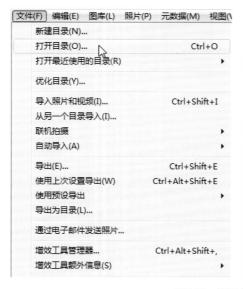

图2-80　使用命令和首选项打开目录

2．Lightroom的目录结构

Lightroom目录实际上在用户的计算机上是一个独立的文件。默认情况下，Lightroom目录位于系统默认的图片文件夹下。打开图片文件夹，可以看到一个Lightroom文件夹。通常情况下，Lightroom目录文件位于这个文件夹内。

每一个Lightroom目录都包含两个必需的组成部分：一个后缀名为.lrcat的Lightroom目录文件和一个后缀名为.lrdata的Lightroom预览文件夹，如图2-81所示。当目录正在运行时，在文件夹中可能还会看到其他几个临时文件。

图2-81　Lightroom目录文件夹的基本组成

lrcat文件是Lightroom的目录文件，它是一个非常重要的文件，存储着Lightroom的所有重要信息和数据。如果用户一直使用Lightroom，那么这是必须保证不会损坏或者丢失的文件。我们通常所说的目录文件其实就是指这个.lrcat文件，而且用户每次操作Lightroom之后，这个文件都会发生改变。

lrdata文件夹存储文件预览信息。如果用户的Lightroom里有很多照片，那么可以在这个文件夹中找到大量子文件夹。所谓文件预览，其实也就是在.lrdata文件夹中为每一个导入Lightroom的文件创建的预览副本。在Lightroom的"图库"模块中浏览照片时，用户看到的其实是Lightroom的预览副本，而不是实际的照片。.lrdata文件夹的占用空间会随着照片的积累而增加。不过，与.lrcat目录文件不同，即使用户丢失了这个文件夹，也不会损失既往的操作。只需要在Lightroom中重新建立预览即可，只不过是多花些时间而已。

3．创建Lightroom目录

启动Lightroom并导入照片后，系统自动创建一个目录文件（Lightroom Catalog.lrcat），此目录会记录照片及其相关信息，但并不包含实际的照片文件本身。大多数人一般希望将所有照片存放到同一个目录下，这样，一个目录中就会存放数千张照片。为了方便后期对照片进行管理，可以分别将不同用途的照片存储于多个目录中。

步骤 01　在Lightroom中，单击"文件"|"新建目录"命令，弹出"创建包含新目录的文件夹"对话框，在"文件名"文本框中输入新目录文件夹的名称，如图2-82所示，单击"创建"按钮，完成新目录的创建。

步骤 02　打开新目录文件夹所在的位置，即可看到新目录的相应文件，如图2-83所示。

图2-82　"创建包含新目录的文件夹"对话框

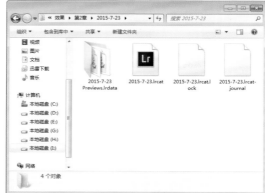

图2-83　创建新目录

专家指点

显然，通过目录这种照片组织形式，Lightroom提供了一些传统照片处理软件所不具备的好处。

好处1：通过目录，Lightroom能够在不移动照片、不复制照片的情况下，以新的方式整理照片，为用户建立各种形式的照片选集，无论这些照片在磁盘上的物理位置相差多远。

好处2：使用目录的Lightroom能够很好地保护原始照片。

当创建新的目录文件后，就可以在启动软件时选择新的目录文件并载入。在Lightroom的"首选项"对话框中，切换至"常规"选项卡，在"默认目录"选项区中设置"启动时使用此目录"为"启动Lightroom时显示提示"选项，如图2-84所示，单击"确定"按钮保存设置。重新启动软件时，弹出"Adobe Photoshop Lightroom-选择目录"窗口，从中可以选择要载入的目录，如图2-85所示。

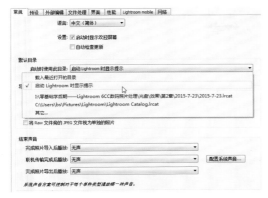

图2-84　设置默认启动目录 　　　　图2-85　"Adobe Photoshop Lightroom-选择目录"窗口

4．备份Lightroom目录

对创建的目录进行备份操作，可以保证与照片相关的数据不丢失。如果不对目录进行备份操作，目录文件损坏就很容易造成正在Lightroom中对照片所做的修改丢失，因此备份目录对于照片的管理和编辑是非常重要的。

单击"编辑"|"目录设置"命令，弹出"目录设置"对话框，切换至"常规"选项卡，在"备份目录"下拉列表框中选择"每次退出Lightroom时"选项，如图2-86所示，单击"确定"按钮保存设置。

对目录进行备份操作后，在每次退出Lightroom时，都会弹出"备份目录"对话框，如图2-87所示。单击"备份文件夹"选项右侧的"选择"按钮，弹出"选择文件夹"对话框，在此可以为备份目录选择一个存储位置，如图2-88所示，单击"选择文件夹"按钮保存设置。选择新位置后，单击"备份"按钮，软件会自动完成备份。

图2-86　设置备份目录

图2-87　"备份目录"对话框

图2-88　"选择文件夹"对话框

专家指点

　　如果网格视图中缩览图的右上角出现一个小问号图标，则表示该照片链接丢失，如图2-98所示。单击小问号图标，弹出"确认"对话框，从中显示缺失链接的原照片名称、格式等，单击"查找"按钮，可以查找丢失的照片，如图2-90所示。

图2-89　该照片链接丢失

图2-90　查找丢失的照片

5．恢复损坏的目录

　　创建目录后，如果目录损坏，就会导致在Lightroom中对照片所做的修改丢失，所以掌握损坏目录的修复是非常重要的。启动软件后，单击"文件"|"打开目录"命令，在打开的"打开目录"对话框中找到最后一次备份的目录，选择"类型"为lract文件，再单击"打开"按钮，即可恢复损坏的目录，如图2-91所示。

图2-91　恢复损坏的目录

6．组合或合并目录

在Lightroom中选择照片并将这些照片导出到一个新目录，便可以从现有照片创建目录。如果需要的话，可以将新目录与其他目录合并。例如，当用户起初将照片导入便携式计算机上的一个目录中，然后要将这些照片添加到台式计算机的主目录时，这种方法十分有用。

步骤 01　在Lightroom中，单击"文件"|"打开目录"命令，弹出"打开目录"对话框，在其中选择相应的目录文件，如图2-92所示。

步骤 02　单击"打开"按钮，可打开该目录，并显示其中的照片文件，效果如图2-93所示。

图2-92　"打开目录"对话框

图2-93　打开目录文件

步骤 03　单击"文件"|"导出为目录"命令，如图2-94所示。

步骤 04　执行操作后，弹出"导出为目录"对话框，设置目录的名称和位置，单击"保存"按钮，如图2-95所示。

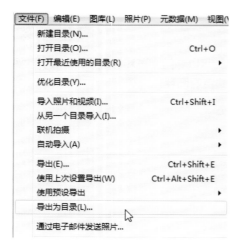

图2-94 单击"导出为目录"命令　　　　图2-95 "导出为目录"对话框

进入相应的文件夹，可看到导出的目录文件，如图2-96所示。如果需要组合目录，可在"导出为目录"对话框中，将新目录导入其他目录中。

专家指点

　　导入和移去多个文件后，在Lightroom中执行操作可能非常耗时。在这种情况下，应该优化目录。单击"文件"|"优化目录"命令即可完成操作，如图2-97所示。

图2-96　导出的目录文件

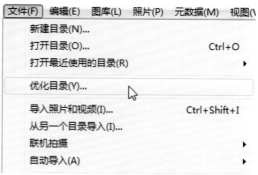

图2-97　单击"优化目录"命令

2.3 使用Lightroom查看照片

Adobe Photoshop Lightroom软件提供"图库"模块，可以专门浏览和管理照片，使用"图库"模块可以方便地查看并比较照片，以及用不同的视图模式查看照片。

2.3.1 使用胶片显示窗格

在Lightroom的各个模块之间移动时，胶片显示窗格会显示用户正在处理的照片。它包含当前所选"图库"文件夹、收藏夹或关键字集中的照片。使用向左键和向右键，或者在导航按钮右侧的"胶片显示窗格源指示器"弹出菜单中选择不同的源，可在胶片显示窗格中在不同的照片之间移动。

Lightroom胶片显示窗格的主要组成部分如图2-98所示。

显示/隐藏副窗口按钮　　　胶片显示窗格源指示器和菜单　　　源过滤器
　　　转到网格视图

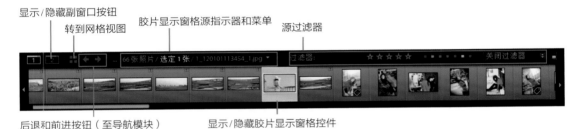

后退和前进按钮（至导航模块）　　　显示/隐藏胶片显示窗格控件

图2-98　Lightroom胶片显示窗格的主要组成部分

下面介绍一些关于Lightroom胶片显示窗格的操作方法。

更改在胶片显示窗格中显示的照片：在"图库"模块左侧的面板中选择一个项目，或从"图库过滤器栏""关键字列表"面板或"元数据"面板中设置相应条件以选择照片。单击胶片显示窗格中的"源指示器"，从弹出菜单中选择新的源。可以选择"所有照片""快捷收藏夹""上一次导入"或先前查看的源，如图2-99所示。

图2-99　从弹出菜单中选择新的源

> 除非用户选择"清除最近使用的源",否则会列出先前查看的胶片显示窗格源。选择一个或多个源之后,"网格"视图也会显示在胶片显示窗格中显示的照片。如果选择多个文件夹或收藏夹,"多个源"会显示在"源指示器"中。如果选择"多个源"时,"网格"视图不显示所有照片,可以从"图库过滤器"栏中选择"关闭过滤器"。

更改胶片显示窗格缩览图的大小:将指针置于胶片显示窗格的顶部边缘,在指针变为双箭头 ✛ 时,向上或向下拖动胶片显示窗格的边缘,可更改胶片显示窗格缩览图的大小,如图2-100所示。另外,双击胶片显示窗格的顶部边缘,可在最后两个缩览图大小之间切换。

图2-100　更改胶片显示窗格缩览图的大小

在胶片显示窗格中的照片间滚动:拖动胶片显示窗格底部的滚动条,单击两侧的箭头,或拖动缩览图框的顶部边缘都可以滚动照片,如图2-101所示。

图2-101　在胶片显示窗格中的照片间滚动

在胶片显示窗格缩览图中显示星级和旗标状态:单击"编辑"|"首选项"命令,弹出"首选项"对话框,切换至"界面"选项卡,在"胶片显示窗格"区域中,选中"显示星级和旗标状态"复选框即可,如图2-102所示。

图2-102　更改胶片显示窗格缩览图的大小

如果要在胶片显示窗格和网格视图中重新排列缩览图，可以选择不包含任何子文件夹的收藏夹或文件夹，然后将缩览图拖动到新位置。

2.3.2 使用放大视图查看照片

前面已经介绍过，可以使用"图库"模块或"修改照片"模块中的"导航器"面板来设置"放大"视图中图像的放大级别。Lightroom会存储用户使用的最后级别，并允许单击照片时在该级别和当前级别之间切换。还可以使用"放大"和"缩小"命令在4个级别之间切换，如图2-103所示。

图2-103　通过命令放大照片

在缩放照片，并且部分照片不可见时，在照片上使用"手形"工具可将隐藏的区域移动到视图中，如图2-104所示。"导航器"面板始终显示整个图像，上面覆盖方框表示主视图的边缘。另外，在副窗口的"放大"视图中也可以使用"手形"工具🖐平移，如图2-105所示。

图2-104　在放大视图中移动图像　　　图2-105　在副窗口的"放大"视图中移动图像

在Lightroom的放大视图中，可以暂时放大以平移图像，按住【空格】键可暂时放大。需要注意的是，两个图像处于"图库"模块的"比较"视图时，选择缩放命令会自动在"放大"视图中显示所选图像。两个图像处于"图库"模块的"比较"视图时，选择缩放命令会自动在"放大"视图中显示图像。

2.3.3　使用网格视图查看照片

Lightroom提供了许多在"网格"视图中显示照片的方法，选择使用的方法取决于用户要查看的照片类型。

其中，"目录"面板允许立即显示目录或"快捷收藏夹"中的所有照片，以及最近导入的照片，如图2-106所示。还可以选择文件夹、收藏夹、关键字，或通过搜索照片在"网格"视图显示照片。另外，使用"图库过滤器栏"中的选项可以优化选择。

在"目录"面板中，可以选择以下任意选项。

所有照片：显示目录中的所有照片。

快捷收藏夹＋：显示"快捷收藏夹"中的照片。

上一次导入：显示最近导入的照片。

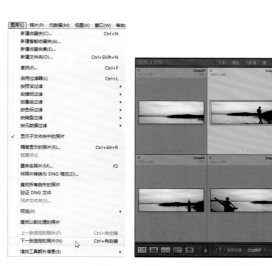

图2-106　"目录"面板

有时候，"目录"面板中可能还会显示诸如"上次"、"导出为目录"等其他类别。

在"图库"模块的"网格"视图中，可以通过选择上一张或下一张照片在图像之间导航。要选择上一张照片，按向左键，单击工具栏中的"选择上一张照片"图标，或单击"图库" | "上一张选定的照片"命令；要选择下一张照片，按向右键，单击工具栏中的"选择下一张照片"图标，或单击"图库" | "下一张选定的照片"命令，如图2-107所示。

图2-107　通过命令在图像之间导航

在"网格"视图中，执行以下任一操作可以重新排列网格中的照片。

单击工具栏中的"排序方向"图标，如图2-108所示。

从工具栏的"排序依据"列表框中选择一个排序选项，如图2-109所示。

如果用户已经选择普通收藏夹或文件夹层次中最低的文件夹，从缩览图的中央拖动以按任何顺序排序。需要注意的是，如果用户已经选择智能收藏夹或包含其他文件夹的文件夹，则"用户顺序"在"排序"弹出菜单中不可用，并且不能拖动来按任何顺序对照片排序。

图2-108　单击"排序方向"图标进行排序

图2-109　通过"排序依据"列表框进行排序

要更改"网格"视图中的缩览图大小，必须先启用"缩览图"控件。在"网格"视图中，单击右下角的"选择工具栏的内容"按钮，在弹出的列表框中选择"缩览图大小"选项，如图2-110所示。执行操作后，显示"缩览图"控件，调整右下角的"缩览图"滑块，即可改变缩览图的大小，如图2-111所示。

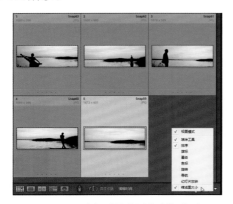

图2-110　选择"缩览图大小"选项

图2-111　改变缩览图的大小

2.3.4　照片的筛选和搜索

在Lightroom中导入多张照片后，如果要从导入的照片中找到一张合适的照片，就需要应用照片的查找和筛选功能。在Lightroom中可以通过多种方式对照片进行快速筛选和搜索。

1.　使用过滤器查找照片

Lightroom中的"图库过滤器"可以帮助用户快速查找需要的照片。"图库过滤器"栏位于"图库"模块的网格视图顶部，可以选择使用文本、属性和元数据模式，或者组合使用这些模式以执行更复杂的过滤。

文本：可以搜索任何已编制索引的元数据文本字段，包括文件名、题注、关键字、EXIF和IPTC元数据。

属性：按旗标状态、星级、色标和副本过滤照片。

元数据：可使用高达八列元数据标准过滤照片。

单击任一模式名称可显示或隐藏其选项。这些选项处于打开状态时，其模式标签呈白色。可一次打开一种、两种或所有三种过滤器模式。在按住【Shift】键的同时单击第二个或第三个标签，可以一次打开多种模式，如图2-112所示。

图2-112　一次打开文本、属性和元数据3种模式

选择"无"选项可隐藏并关闭所有过滤器模式。当"元数据"过滤器选项处于打开状态时，将鼠标指针移至"图库过滤器"栏的下边缘，当鼠标指针变为双向箭头时，可以向上或向下拖动其边缘，调整其大小。

步骤 01　启动Lightroom软件，将照片素材导入"图库"模块中，如图2-113所示。

步骤 02　单击"图库过滤器"右侧的倒三角形按钮，在弹出的功能菜单中选择"曝光度信息"选项，如图2-114所示。

图2-113　将照片素材导入"图库"模块

图2-114　选择照片过滤方式

步骤 03 执行上述操作后，即可利用"曝光度信息"来搜索照片，如图2-115所示。

图2-115 利用预设搜索照片

2．使用文本查找照片

在Lightroom中可以使用"文本"过滤器中的文本搜索字段，在整个目录或选定的照片中搜索照片。搜索照片时，可以搜索任何已编制索引的字段，或选择特定字段，还能指定搜索标准的匹配方式来快速搜索照片。搜索出需要的照片后，将照片显示在网格视图或胶片显示窗口中。

步骤 01 启动Lightroom软件，将照片素材导入"图库"模块中，如图2-116所示。

步骤 02 在"图库过滤器"栏上单击"文本"标签，在"搜索目标"列表框中选择"文件名"选项，如图2-117所示。

图2-116 将照片素材导入"图库"模块

图2-117 选择"文件名"选项

步骤 03 在"包含"列表框中选择"包含所有"选项，如图2-118所示。

步骤 04 在"搜索文本"文本框中输入"安宁温泉",在窗口下方会显示搜索到的相关数码照片,如图2-119所示。

图2-118　设置搜索规则

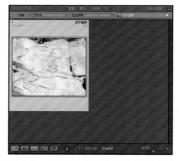

图2-119　显示搜索到的相关数码照片

专家指点

　　可以从"搜索目标"列表框中选择要搜索的字段。

　　任何可搜索的字段包括可搜索的元数据、题注、文件路径、虚拟副本名、关键字、自定元数据和收藏夹名称。

　　文件名、副本名、标题、题注、关键字分别搜索其中的每一个元数据字段。副本名指虚拟副本的名称。

　　可搜索的元数据包括可搜索的IPTC、可搜索的 EXIF 和标题。

　　可搜索的EXIF包括"制造商""型号""序列号"和"软件"。

　　可搜索的IPTC包括联系信息:拍摄者、职务、地址、IPTC提要、IPTC主题代码和说明作者、知识类型、IPTC场景代码、子位置、ISO国家/地区代码、权利使用条款和版权信息URL等。

　　任何可搜索的增效工具字段包括搜索第三方增效工具所创建的可搜索元数据字段。

　　从"包含"列表框中选择一种搜索规则。

　　包含:搜索指定的字母数字序列,包括部分单词。例如,如果对flo执行"包含"搜索,则返回的结果包含flower。如果输入了多个序列,Lightroom会找到包含各个序列的照片。

　　包含所有:搜索包含所有指定字母数字序列的文本。例如,用户有一个包含了家庭聚会照片的文件夹,其中的每张照片都标记了拍摄的所有人的名字。在这种情况下,可以对Joh和Su执行"包含所有"搜索,以查找既包含John又包含Susan的所有照片。在输入文本时,只需在搜索术语之间输入一个空格即可。

　　包含单词:搜索包含所有指定字母数字序列并将其作为一个完整的单词的文本。例如,要查找带有关键字flower的照片,则需要使用"包含单词"搜索,输入flower。

　　不含:搜索不包含任何指定序列的文本。

　　开头为:搜索以指定字母数字序列开头的文本。

　　结尾为:搜索以指定字母数字序列结尾的文本。

3．使用属性查找照片

使用"图库过滤器"栏上的"属性"选项，可以按照旗标状态、星级、色标和副本过滤照片，使用户可以方便地查找照片。另外，胶片显示窗格中也提供了"属性"选项。

步骤 01 启动 Lightroom 软件，将照片素材导入"图库"模块中，如图 2-120 所示。

步骤 02 在"图库过滤器"栏上单击"属性"标签，在"根据星级过滤"选项区中选择相应星级，如图 2-121 所示。

步骤 03 执行上述操作后，符合指定过滤标准的照片将显示在网格视图和胶片显示窗格中，如图 2-122 所示。

图 2-120 将照片素材导入"图库"模块

图 2-121 设置过滤属性

图 2-122 使用属性搜索照片

在"图片过滤器"下选择照片后，使用鼠标右键单击选中的照片，在弹出的快捷菜单中可以对选中的照片进行评级和指定评级颜色等操作。

4．使用元数据查找照片

Lightroom支持通过数码相机和其他应用程序（如Photoshop或Adobe Bridge）将元数据嵌入照片中。因此，可以使用"图库过滤器"栏上的"元数据"选项，选择特定照片元数据标准来查找照片。

步骤 01 启动Lightroom软件，将照片素材导入"图库"模块中，如图2-123所示。

步骤 02 在"图库过滤器"栏上单击"元数据"标签，可在下方显示元数据信息，如图2-124所示。

图2-123　将照片素材导入"图库"模块　　　　图2-124　显示元数据信息

步骤 03 在"相机"选项区中选择相应的相机类型，如图2-125所示。

步骤 04 执行上述操作后，可在下方显示对应的元数据信息的照片，如图2-126所示。

图2-125　选择相机类型　　　　　　　图2-126　查找到相应的照片

如果指定了两个或两个以上过滤器，则Lightroom会返回符合所有标准的照片。此外，也可以在"元数据"面板中，单击某些元数据文本框旁边的向右箭头来查找照片。

5．设置图库过滤器栏

在Lightroom中，系统提供了8个预定义过滤器，可以用于快速执行常用过滤器和恢复默认设置。在"图库过滤器"栏或胶片显示窗格中，可以从"自定过滤器"菜单选择以下任一选项，如图2-127所示。

图2-127　设置图库过滤器栏

关闭过滤器：关闭所有过滤器并隐藏所有过滤器选项。

地点列：按"国家/地区""省/直辖市/自治区""城市"和"位置"元数据类别过滤照片。

无星级：显示不带星级的照片。

曝光度信息：按焦距、ISO感光度、光圈和快门速度来过滤照片。

有星级：显示带一个或更多星级的照片。

留用：显示带"留用"旗标的照片。

相机信息：按相机、镜头、焦距和闪光灯状态来过滤照片。

默认列：打开默认的四列"元数据"选项：日期、相机、镜头和标签，以及在每个类别中所选的所有元数据。

第3章 全面通晓: Lightroom模块的使用

人们总是要问，我们到底使用什么软件可以快速完成照片的后期处理，得到让自己满意的作品呢？这个时候，Adobe Photoshop Lightroom就是一个最佳的选择。与其他照片后期处理软件相比，它在通用性、操作性和功能性上具有自己独特的优势，也是专为数码摄影而开发的，基于工作流程设计，可以完成从照片导入到最终输出的一系列过程。

3.1 使用"图库"模块

在"图库"模块中，不仅可以对照片进行分类评级等，还可以使用面板中的快速调整选项，对导入的照片做简单的修饰。

3.1.1 查看照片中的细节

"导航器"面板是Lightroom中为了方便查看图像而设置的面板，在面板中以红色边框的形式展示了画面中显示的局部图像，可以使用"图库"模块面板来设置"放大"视图中的图像放大级别，查看照片中的细节。

步骤 01 启动Lightroom软件，将照片素材导入"图库"模块中，如图3-1所示。

步骤 02 展开"导航器"面板，在其右上角选择2:1缩放级别，如图3-2所示。

步骤 03 执行上述操作后，将图像以200%大小显示导入的照片，效果如图3-3所示。

图3-1　将照片素材导入"图库"模块

图3-2　选择2:1缩放级别

图3-3　将图像以200%大小显示导入的照片

专家指点

在"导航器"面板中的预览图上单击，可以将图像在"放大"视图中移至单击的位置，如图3-5所示。

步骤 04 在"导航器"面板中拖曳鼠标，可以在"放大"视图中移动图像，效果如图3-4、图3-5 所示。

图3-4　拖曳鼠标查看图像

图3-5　单击鼠标移动图像

3.1.2 星级和色标评级

"图库"模块主要用于查看和管理照片，因此，在"图库"模块中为了帮助用户筛选和查看照片，可以对导入的照片进行评级处理。在Lightroom中有星级、旗标和色标3种照片评级方式，其中最常用的是星级和色标评级。

步骤 01 启动Lightroom软件，将照片素材导入"图库"模块中，如图3-6所示。

图3-6 将照片素材导入"图库"模块

步骤 02 在照片上单击鼠标右键，在弹出的快捷菜单中选择"设置星级"|"5星（5）"选项，如图3-7所示。

步骤 03 执行操作后，可以将照片评为5星级，如图3-8所示。

图3-7 选择相应选项

图3-8 将照片评为5星级

步骤 04 选择需要进行色标评级的照片，单击"照片"|"设置色标"|"黄色"命令，如图3-9所示。

步骤 05 执行操作后，即可为照片添加相应色标，如图3-10所示。

图3-9 单击"黄色"命令

图3-10 为照片添加相应色标

3.1.3 移去和删除照片

导入到Lightroom中的无用照片，可以将其移去或者删除，其中"移去"是将照片从目录中删除，但不会将照片发送到"回收站"；"删除"则是指从目录中删除照片，并将照片发送到"回收站"。

步骤 01 启动Lightroom软件，将照片素材导入"图库"模块中，如图3-11所示。

步骤 02 在相应照片上单击鼠标右键，在弹出的快捷菜单中选择"移去照片"选项，如图3-12所示。

步骤 03 执行上述操作后，弹出"确认"对话框，单击"移去"按钮，如图3-13所示。

步骤 04 执行上述操作后，即可从目录中移去相应的照片，如图3-14所示。

图3-11 将照片素材导入"图库"模块

图3-12 选择"移去照片"选项

图3-13　单击"移去"按钮　　　　　　　　　图3-14　从目录中移去相应的照片

步骤 05　切换至"网格"视图，选择要删除的照片，如图3-15所示。

步骤 06　单击"照片"|"移去照片"命令，如图3-16所示。

图3-15　选择要删除的照片　　　　　　　　　图3-16　单击"移去照片"命令

步骤 05　执行上述操作后，弹出"确认"对话框，单击"从磁盘删除"按钮，如图3-17所示。

步骤 06　执行上述操作后，即可将选定的照片从磁盘中删除，如图3-18所示。

图3-17　单击"从磁盘删除"按钮　　　　　　　　　图3-18　将选定的照片从磁盘中删除

3.2 使用"修改照片"模块

Lightroom的"修改照片"模块中有一些非常基本的操作,如打开面板、调整参数的值、复位参数、比较照片等。本节主要介绍"修改照片"模块的基本界面,使用户对修饰照片的工具和面板有比较透彻的了解。

3.2.1 认识修改照片的工具

在"修改照片"模块中有6个照片修饰工具,包括裁剪叠加工具、污点去除工具、红眼校正工具、渐变滤镜工具、径向滤镜工具和调整画笔工具。使用这些工具可以对照片的特定区域进行局部编辑,完成照片的简单修饰,去除照片中出现的瑕疵问题。

1. 裁剪叠加工具

裁剪叠加工具包含裁剪框工具、"长宽比"按钮及其选项,以及矫正工具和矫正滑块,如图3-19所示。

图3-19 裁剪叠加工具

裁剪叠加工具主要用于对照片构图进行二次调整,使用裁剪叠加工具可以将画面中不需要的部分从原图像中裁剪掉,使画面变得干净整洁。单击裁剪叠加工具,画面上出现一个裁剪框,将鼠标指针移至裁剪框的一角或一边上,拖动鼠标可以裁剪图像,如图3-20所示。

图3-20 对图像进行裁剪操作

2．污点去除工具

污点去除工具包含"仿制"和"修复"选项以及"大小"滑块，单击"复位"按钮可清除对照片所做的更改，如图3-21所示。

污点去除工具可以去除照片中因为感光元件或镜头问题出现的污点。导入污点照片，选取污点去除工具，在右侧的"污点去除"选项面板中设置画笔大小和不透明度，使用污点去除工具在图像上单击并拖曳，即可去除画面中的污点，如图3-22所示。

图3-21　污点去除工具

图3-22　修复照片中的污点

3．红眼校正工具

Lightroom中提供了与Photoshop中红眼工具功能完全相同的红眼校正工具，使用此工具可以轻松去除照片中的红眼现象。"红眼校正"选项区包含"瞳孔大小"和"变暗"滑块，如图3-23所示。

导入红眼照片，选取红眼校正工具，当鼠标指针变为定位标记的指针时，将其移动到画面中的红眼位置，单击即可去除人物的红眼，效果如图3-24所示。

图3-23　红眼校正工具

图3-24　修复人物红眼

4．渐变滤镜工具

　　后期处理有时会根据画面的整体需要调整某些特定的局部区域，这时就需要用到渐变滤镜工具，使用渐变滤镜工具可以一次添加多种效果。选择渐变滤镜工具，在图像上单击并拖曳鼠标，可以创建渐变参考线，再根据"渐变滤镜"选项面板调整各项参数，完成局部图像的调整，如图3-25所示。

图3-25　应用渐变滤镜效果

5．径向滤镜工具

　　在具有繁杂背景的照片中，照片主题可能会被环境颜色和纹理所遮蔽。创建晕影效果是另一种添加关注点的办法，但仅适用于焦点位于图像中心的情形。

使用Lightroom中的新径向滤镜工具，可以创建偏离中心的晕影效果或多个晕影区域，以高亮显示多个区域，从而强调图像的重要部分。

使用径向滤镜绘制一个椭圆形状，确保未选中"反相蒙版"复选框，可以调整椭圆以外的部分。选中"反相蒙版"复选框，可以调整椭圆内的部分。另外，还可以调整一些参数，包括选框区域内外部分的曝光度、对比度、饱和度、清晰度和锐化程度。

图3-26左图中的模特看起来与背景融合在一起，而且图像中的背景太显眼，这主要是由于背景和模特服饰的色域造成的；右图使用了两个接近同心圆的径向滤镜，一个滤镜用于降低模特周围区域的饱和度和曝光度，另一个滤镜用于高亮显示模特，形成暗角效果，以突出照片的主题人物。

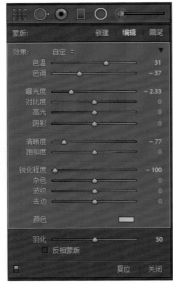

图3-26　应用径向滤镜效果

6. 调整画笔工具

调整画笔工具用于调整画面局部的色温、色调、曝光度以及饱和度等。通过调整画笔工具的处理，不但可以对画面进行加减光处理，还可以调整局部的颜色。导入图像后，选取调整画笔工具，在展开的"调整画笔"选项面板中设置效果和画笔选项，然后在照片涂抹，被涂抹位置的图像根据设置的选项更改效果，如图3-27所示。

图3-27　使用调整画笔工具修饰图像

将指针悬停在照片上时，"直方图"下方会显示其R、G和B颜色值。此时显示哪一种工具取决于当前的视图。如果"缩放级别"为"适合"，则显示"缩放"工具，如图3-28所示。如果"缩放级别"为"填满"、1:1或更高，则显示"手形"工具，如图3-28所示。单击照片可在"适合"与1:1之间切换。

图3-28　显示"缩放"工具　　　　　　　图3-29　显示"手形"工具

3.2.2 认识修改照片的面板

修改照片模块包含两组面板和一个工具栏，用于查看和编辑照片。屏幕左侧是"导航器""预设""快照""历史记录"和"收藏夹"面板，用于预览、存储和选择对照片所做的更改。屏幕右侧是用于对照片进行全局和局部调整的工具和面板。工具栏中包含的控件可用于执行多种任务，如在"修改前"与"修改后"视图之间切换、进行幻灯片放映以及缩放等。

图3-30 "基本"面板

在"修改照片"模块下，添加了基本、色调曲线、HSL/颜色/黑白、镜头校正等8个选项面板，使用这些选项面板不仅可以修复照片中的瑕疵，还能通过简单的几步操作调整画面色彩。

1."基本"面板

"基本"面板包含用于调整照片白平衡、色调、颜色饱和度和色调等命令选项，如图3-30所示。

2."色调曲线"面板

"色调曲线"面板用于调整照片的明亮度、色彩，如图3-31所示。

单击"色调曲线"面板下方的"单击以编辑点曲线"按钮，可以切换至"点曲线"选项，在此选项下可以对不同的通道应用曲线调整。

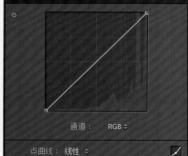

图3-31 "色调曲线"面板

专家指点

色调曲线提供了一种调整扫描图像色彩强度的通用方法。可以调整阴影、亮色调、暗色调和高光值，这有助于保证图像的色彩平衡。

曲线不是滤镜，它是在忠于原图的基础上对图像做一些调整，而不像滤镜可以创造出无中生有的效果。在"色调曲线"面板中，可以调节4条曲线：RGB（总亮度）、R（红）、G（绿）、B（蓝）。

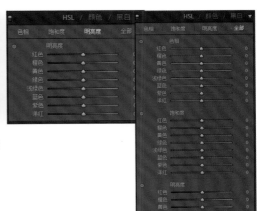

图3-32 "HSL/颜色/黑白"面板

3．"HSL/颜色/黑白"面板

"HSL/颜色/黑白"面板用于微调各个颜色的饱和度、明亮度等。单击此面板上的选项按钮，可以在"色相""饱和度""明亮度"和"全部"选项卡之间切换，如图3-32所示。

4．"分离色调"和"细节"面板

"分离色调"面板用于为黑白图像着色，或者创建具有彩色图像的特殊效果，如图3-33所示。"细节"面板用于调整锐化程度和减少照片中的杂色，如图3-34所示。

图3-33 "分离色调"面板

图3-34 "细节"面板

5．"相机校准"面板

"相机校准"面板用于调整相机的默认设置，此面板可以根据不同的版本来校正由相机造成的照片偏色，如图3-35所示。

6．"效果"面板

"效果"面板用于将暗角应用于已裁剪的照片，或添加胶片颗粒效果，如图3-36所示。

图3-35　通过"相机校准"面板修饰照片

图3-36　通过"效果"面板修饰照片

专家指点

相机校准其实就相当于相机中的各种风格设置（标准、风景、人像等）。默认的"处理版本"是Adobe自己的Adobe Standard，画面一般比较偏淡，也就是相机的"自然"模式。虽然是一个好的处理起点，但是不吸引用户的眼球。为此，Adobe分析了佳能、尼康等大厂的风格，做出了尽量模仿它们风格的校准配置文件。

3.2.3 修改照片的高级工具

"修改照片"模块包含两组面板和一个工具栏，用于查看和编辑照片。除了工具栏中的基本修饰工具外，面板组中还有很多常用的高级修饰工具。

1. 白平衡选择器

白平衡用来修正有色光源给被摄体造成的色偏。例如，荧光灯是一种很"冷"的光源，未经白平衡修正的画面会带有绿色的色偏。几乎所有的数码相机都有调整白平衡的功能。不过如果用户拍摄RAW格式，就可以在计算机中更有效地校正白平衡。通过调整白平衡，不仅可以修正错误的色偏，还可以刻意加入色偏来创作具有艺术性的画面。JPEG格式虽然也可以调整白平衡，但远远不如RAW格式自由。

在"基本"面板中单击白平衡选择器工具、从"视图"菜单中或按【W】键来选择此工具，该工具的选项显示在工具栏中，如图3-37所示。

选取白平衡选择器工具，在画面中寻找理论上是白色（中性色）的区域，然后用白平衡选择器单击，软件自动将选中区域恢复成白色，从而校准整个画面的白平衡，如图3-38所示。对于JPEG文件来说，这也是最好的调整方法。

图3-37　"基本"面板中的
白平衡选择器工具

图3-38　通过白平衡选择器工具调整照片

2．目标调整工具

目标调整工具可从"色调曲线"面板、"HSL/颜色/黑白"面板或"视图"菜单中选择，如图3-39所示。选中该工具后，可从工具栏中的"目标组"弹出菜单中选择各个目标。在照片中拖动目标调整工具，可以调整对应的颜色和色调滑块，如图3-40所示。

3．"复制"与"粘贴"按钮

在Lightroom"修改照片"模块的左侧面板下方有"复制"与"粘贴"两个按钮，分别用于复制当前设置和将其粘贴到选定照片，如图3-41所示。单击"复制"按钮，弹出"复制设置"对话框，可以在此选择修改照片的设置，如图3-42所示。单击"复制"按钮，复制所选的设置，再单击"粘贴"按钮，即可将设置应用到打开的照片上。

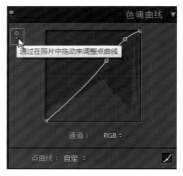

图3-39　目标调整工具

图3-40　通过目标调整工具修饰照片

专家指点

目标调整工具被称为"指哪打哪的调整工具"。如果要调整照片的局部亮度，最好先展开"色调曲线"面板，设置相应的参数，这样可以直接看到不同色调控件滑块数值的变化和曲线的直观弯曲方向及程度。把鼠标光标移到照片中希望调亮或调暗的部位，按住左键向上或向右拖曳鼠标，该亮度区域会变亮；向下或向左拖曳鼠标，该亮度区域会变暗。

图3-41 "复制"与"粘贴"按钮　　　　　　图3-42 "复制设置"对话框

4．"上一张""同步"和"自动同步"按钮

在Lightroom"修改照片"模块的右侧面板底部有"上一张""同步"和"自动同步"3个按钮，根据用户在胶片显示窗格中是选择了一张还是多张照片进行切换。

如果在胶片显示窗格中只选定了一张照片，则显示"上一张"按钮，用于复制上一次选定照片的所有设置，并将其粘贴到当前选定照片，如图3-43所示；如果选择了多张照片，则显示"同步"按钮，用于选择将当前选定照片的哪些当前设置粘贴到其他选定照片，如图3-44所示。使用"自动同步"按钮可使系统在移动每个滑块之后，自动调整其他选定的照片。

图3-43 显示"上一张"按钮　　　　　　图3-44 显示"同步"按钮

专家指点

按【Ctrl】键可将"同步"按钮转换为"自动同步"按钮。

5．复制设置

在"修改照片"模块中选择"修改前与修改后"视图时，可以在工具栏中看到复制设置的3个按钮，如图3-45所示。使用这3个复制按钮，可以将"修改后"视图的当前设置复制并粘贴到"修改前"视图，或将"修改前"视图的当前设置复制并粘贴到"修改后"视图，或在这两个视图之间互换设置。

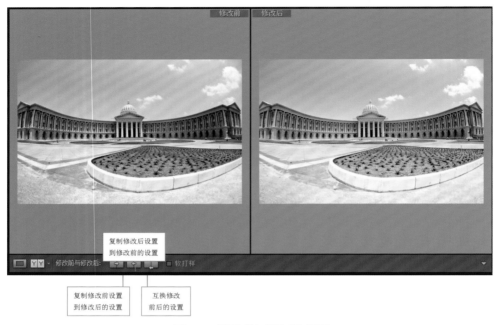

图3-45 "修改前与修改后"视图

3.3 其他Lightroom模块的使用方法

本节主要介绍"画册"模块、"幻灯片放映"模块、"打印"模块、Web模块的主要模块功能，整理出科学和专业的后期处理流程，帮助用户用最少的时间、最简单的操作来实现最理想的画面效果，使得拍摄的作品散发出夺目的光彩。

3.3.1 使用"画册"模块

Lightroom中提供的"画册"模块可以帮助用户设计画册效果，并且能够将制作完成的画册上传到网站、制作成PDF或单个JPEG文件。在"画册"模块中可直接应用专业的模块布局创建画册，也可以设置模块中的面板选项自定义画册布局。

步骤 01 在Lightroom中导入多张照片素材，如图3-46所示。

步骤 02 进入"图库"模块，在按住【Ctrl】键的同时选择多张照片，如图3-47所示。

104 第3章 全面通晓：Lightroom模块的使用

图3-46 导入照片素材

步骤 03 切换至"画册"模块，展开右侧的"自动布局"面板，单击"自动布局"按钮，如图3-48所示。

图3-47 选择照片

图3-48 单击"自动布局"按钮

步骤 04 执行上述操作后，即可将选择的照片添加到画册中，并自动对其应用布局处理照片，效果如图3-49所示。

步骤 05 在图像显示区域中选择画册的一个页面，双击以单页显示页面布局，单击页面右下角的三角形按钮 ，展开"修改页面"面板，在下方罗列的页面布局中选择两页跨页的页面，为图片应用新的页面布局，效果如图3-50所示。

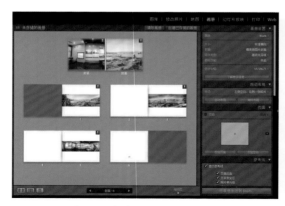

图3-49 自动应用布局处理照片

图3-50 为图片应用新的页面布局

步骤 06 用以上同样的方法，设置其他页面的布局，效果如图3-51所示。

步骤 07 展开"背景"面板，选中"全局应用背景"复选框，单击页面右侧的三角形按钮 ▼，在打开的"添加背景图形"面板中选择相应选项，并在下方选择一个图形，如图3-52所示。

图3-51　设置其他页面的布局效果

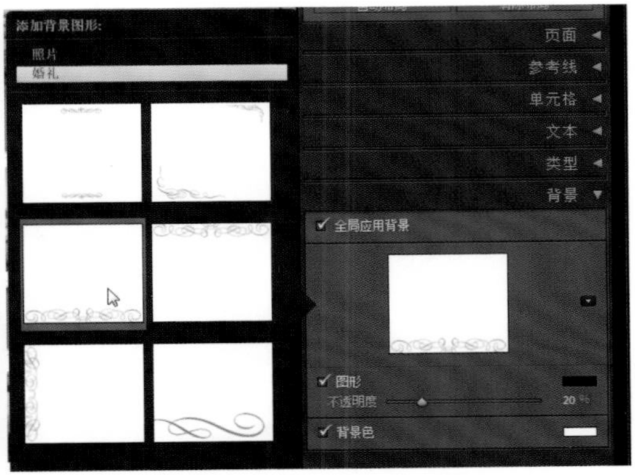

图3-52　选择背景图形

步骤 08 设置"不透明度"为100%、"背景色"为淡黄色，即可为页面应用背景效果，如图3-53所示。

步骤 09 单击左下角的"将画册导出为PDF"按钮，弹出"存储"对话框，设置相应的保存路径和名称，单击"保存"按钮，即可将画册导出为PDF文件，如图3-54所示。

图3-53　为页面应用背景效果

图3-54　将画册导出为PDF文件

3.3　其他Lightroom模块的使用方法　**107**

3.3.2 使用"幻灯片放映"模块

应用"幻灯片放映"模块，可以将用户喜爱的照片制作为幻灯片。在"幻灯片放映"模块中，结合内置的不同幻灯片放映模板、面板和工具，并指定演示的幻灯片的照片和文本布局，可以轻松完成幻灯片的制作。

步骤 01 在Lightroom中导入多张照片素材，如图3-55所示。

图3-55 导入照片素材

专家指点

使用幻灯片放映模板可以快速定义演示的外观和行为。"模板浏览器"提供了多种预设的幻灯片制作模板，将鼠标指针移动到模板名称上可以预览模板。单击"幻灯片放映"模块预览窗口下方"模板浏览器"前的三角形按钮，展开"模板浏览器"面板，在展开的"模板浏览器"面板中单击"用户模板"前的三角形按钮，在展开选项中单击要应用的预设模板，将模板应用于当前所选的幻灯片。

步骤 02 进入"图库"模块，在按住【Ctrl】键的同时选择多张照片，如图3-56所示。

步骤 03 展开"图库"模块左侧的"收藏夹"面板，单击"创建收藏夹"按钮，在弹出的列表框中选择"创建收藏夹"选项，如图3-57所示。

图3-56　选择多张照片　　　　　　　　图3-57　选择"创建收藏夹"选项

步骤 04 弹出"创建收藏夹"对话框，设置"名称"为"夕阳下的桥"，如图3-58所示。

步骤 05 单击"创建"按钮，新建一个收藏夹，如图3-59所示。

图3-58　"创建收藏夹"对话框　　　　　　图3-59　新建一个收藏夹

步骤 06 切换至"幻灯片放映"模块，展开"模板浏览器"面板，选择"Lightroom模板"|"Exif元数据"选项，将其作为幻灯片放映模板，如图3-60所示。

步骤 07 展开右侧的"叠加"面板，单击"身份标识"选项区中的Lightroom按钮，在弹出的列表框中选择"编辑"选项，如图3-61所示。

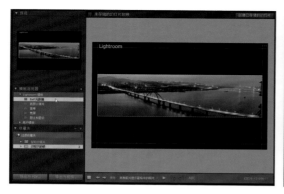

图3-60　选择幻灯片放映模板

图3-61　选择"编辑"选项

步骤 08　弹出"身份标识编辑器"对话框，输入相应的标识名称，如图3-62所示。

步骤 09　单击颜色色块，弹出"颜色"对话框，设置"基本颜色"为淡黄色（RGB参数值分别为255、255、128），如图3-61所示。

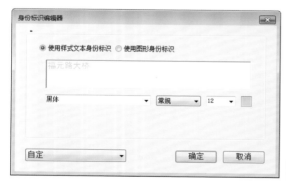

图3-62　输入相应的标识名称

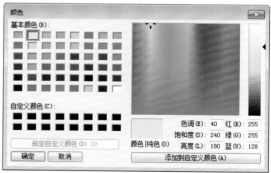

图3-63　设置"基本颜色"

步骤 10　依次单击"确定"按钮，即可设置标识颜色，在"身份标识"选项区中设置"比例"为50%，并将身份标识拖曳至合适的位置，效果如图3-64所示。

步骤 11　展开"背景"面板，选中"渐变色"复选框，并设置"角度"为90°，效果如图3-65所示。

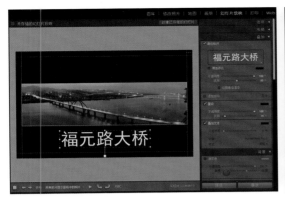

图3-64　添加身份标识　　　　　　　　　　　　　图3-65　设置幻灯片背景

　　默认情况下，幻灯片放映模板（除"裁剪以填充"以外）会缩放照片，以便整个图像填满幻灯片图像单元格。照片与图像单元格长宽比不匹配的空间会显示幻灯片背景，如图3-66所示。用户可以设置选项，以便所有照片完全填满图像单元格的空间。在"幻灯片放映"模块的"选项"面板中，选中"缩放以填充整个框"复选框，可以裁剪部分图像（特别是垂直的图像）以满足图像单元格的长宽比，如图3-67所示。

图3-66　显示幻灯片背景　　　　　　　　　　　　图3-67　缩放以填充整个框

3.3.3 使用"打印"模块

Lightroom中的"打印"模块用于对照片的打印设置。"打印"模块预置了30多种用于打印页面的布局模板，满足不同的打印需求，用户也可以利用"打印"模块中的面板和工具，设置更自由的版面布局，用于打印数码照片。

1. "打印"模块面板和工具

在"打印"模块中可以指定用于在打印机上打印照片和照片小样的页面布局和打印选项。单击"打印"标签，切换至"打印"模块，该模块提供了用于打印图像设置的选项面板和工具，利用这些面板和工具可以快速设置打印页面。

"预览"面板

"预览"面板显示模块的布局，在"模板浏览器"中的模板名称上移动鼠标指针时，"预览"面板中显示该模板的页面布局，如图3-68所示。

"模板浏览器"面板

"模板浏览器"面板用于预览打印照片的布局，"模板浏览器"面板包含Lightroom预设和用户定义的模板，单击模板列表下的模板名称，即可应用模板布局效果，如图3-69所示。

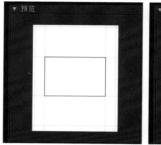

图3-68 "预览"面板

图3-69 应用模板布局效果

"布局样式"面板

"布局样式"面板用于指定选定的模板为"单个图像/照片小样"、"图片包"或"自定图片包"布局，如图3-70所示。单击"单个图像/照片小样"布局可以以相同大小打印一张或多张照片；单击"图片包"布局可以以不同大小打印一张照片；单击"自定图片包"布局可以用不同大小打印多张照片。

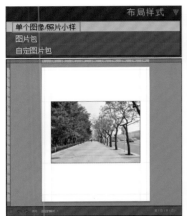

图3-70　各种布局样式效果

"页面"面板

"页面"面板用于指定随照片打印的文本和其他项目，即为打印布局添加标识等，如图3-71所示。

图3-71　"页面"面板

图3-72 "图像设置"面板

"图像设置"面板

"图像设置"面板能够确定照片页面布局中填充单元格的方式，如图3-72所示。

"参考线"和"布局"面板

"参考线"面板用于在网格页面布局中显示标尺、出血、边距、图像单元格以及尺寸，如图3-73所示。"布局"面板用于指定在网格页面布局中的边距、行数、列数以及单元格大小，如图3-74所示。

图3-73 "参考线"面板

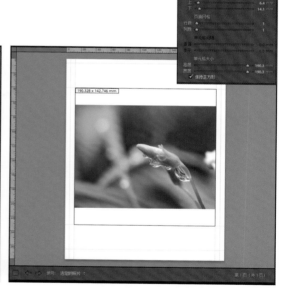

图3-74 "布局"面板

2. 使用预设模板快速打印

利用预设模板进行快速打印不需要了解太多的选项设置，具体步骤如下。

步骤 01 在Lightroom中导入3张照片素材，如图3-75所示。

步骤 02 切换至"打印"模块，展开左侧的"模板浏览器"面板，在其中选择"Lightroom模板"|"自定重叠×3横向"选项，如图3-76所示。

图3-75　导入照片素材

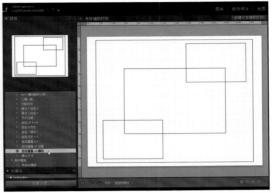

图3-76　自定重叠×3横向模板

步骤 03 展开胶片显示窗口，选择相应照片，如图3-77所示。

步骤 04 将其拖曳至打印预览窗口的中间位置，效果如图3-78所示。

图3-77　选择相应照片

图3-78　拖曳照片

步骤 05 用以上同样的方法，依次拖入其他两张照片，效果如图3-41所示。单击"打印"按钮，即可应用模板打印照片。

图3-79　应用模板打印照片

3．设置"打印作业"面板

对打印选项的设置将直接影响照片打印输出的品质，在Lightroom的"打印作业"面板中即可设置所有打印输出选项，如图3-80所示。可以使用"草稿模式打印"来打印照片小样和照片的快速草稿。

在此模式下，Lightroom在打印时将使用缓存的照片预览。如果选择未完全缓存的照片并使用"草稿模式打印"进行打印，Lightroom将这些照片的缩略图数据发送到打印机，这些照片的打印质量可能不是用户预期的质量。使用"草稿模式打印"时，锐化和色彩管理控件不可用。

图3-80　"打印作业"面板

3.3.4　使用Web模块

　　Web模块可用于创建不同风格的Web照片画廊，只需利用Lightroom提供的预设模板，即可以轻松创建漂亮的Web画廊。利用Web模块下的面板和工具，还可以根据个人喜好制作更加个性化的网页照片画廊。

步骤 01　在Lightroom中导入多张照片素材，如图3-81所示。

图3-81　导入照片素材

　　还可以在界面右侧的设置面板中，单击面板名称，展开面板选项，根据需要更改设置，从而为画廊添加标题等文字内容，完善网站信息，设置界面、输出图像大小等，完善Web画廊，最后单击右下角的"上载"按钮，即可将画廊上传至网络。

步骤 02　进入"图库"模块，在按住【Ctrl】键的同时选择多张照片，如图3-82所示。

步骤 03　切换至Web模块，展开左侧的"模板浏览器"面板，选择"经典画廊模板"|"纯黑色"选项，将其作为照片画廊模板，效果如图3-83所示。

图3-82　选择照片素材

图3-83　设置照片画廊模板

步骤 04　展开"网站信息"面板，设置相应的网站标题、收藏夹标题、收藏夹说明、联系信息等选项，如图3-84所示。

步骤 05　展开"外观"面板，选中"向照片添加阴影"和"分段线"复选框，效果如图3-85所示。

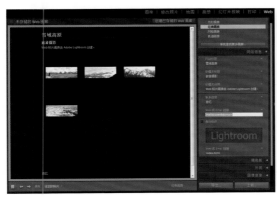

图3-84　设置网站信息

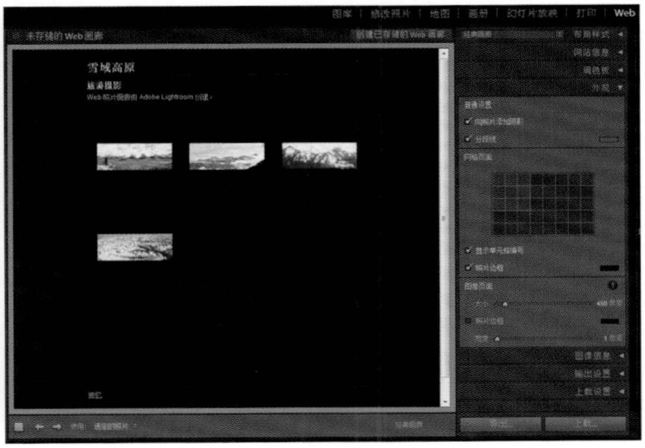

图3-85　设置外观

步骤 06　展开"输出设置"面板，设置"品质"为100，效果如图3-86所示。

步骤 07　在"模板浏览器"面板下方，单击"在浏览器中预览"按钮，如图3-87所示。

步骤 08　执行操作后，在浏览器中打开制作好的Web画廊，效果如图3-88所示。

步骤 09　单击相应图片，即可跳转至该图片详情页面，效果如图3-89所示。

图3-86　设置输出选项

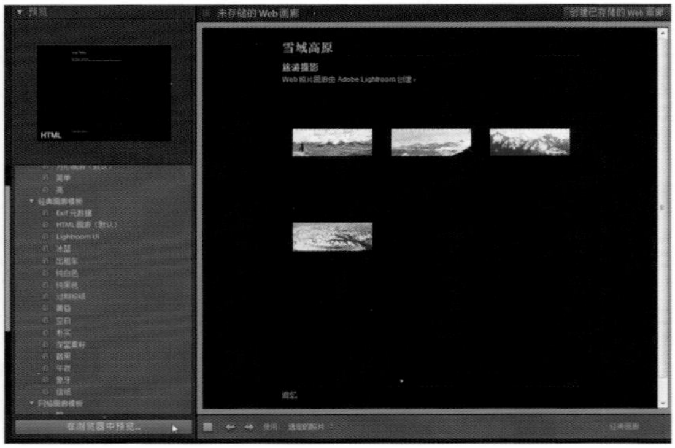

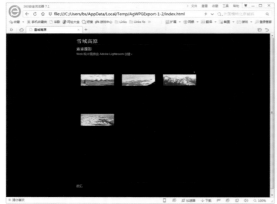

图3-87　单击"在浏览器中预览"按钮

图3-88　预览Web画廊

图3-89　跳转至相应页面

04

第4章　快速处理: 照片的简单修饰技法

在 Lightroom 中完成照片的整理和分类后，就可以正式的进入照片处理流程中了。通常情况下，摄影师都会通过一些较为粗略的简单设置，快速改变照片的画面效果。

最终效果

原图

4.1 利用裁剪功能对照片进行二次构图

照片的构图是影响影像作品的关键所在，在完成照片的拍摄后，可以利用Lightroom的裁剪功能对照片进行裁剪操作，完成数据照片的二次构图。

步骤 01 在Lightroom中导入一张照片素材，切换至"修改照片"模块，如图4-1所示。

步骤 02 在单击工具栏上的"裁剪叠加"按钮，沿照片创建裁剪框，如图4-2所示。

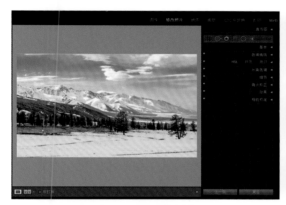

图4-1 导入照片素材

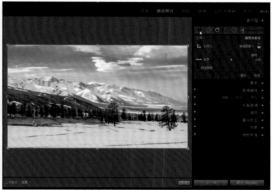

图4-2 沿照片创建裁剪框

专家指点

几乎所有的图像处理软件都有裁剪工具，因为裁剪是最基本的图像处理步骤。裁剪照片既可以修正拍摄时的一些构图错误，又可以在后期重新构图，以改变自己对一张照片的看法。一个好的裁剪工具对于后期处理其实是相当重要的，使用Lightroom可以方便地裁剪照片。

Lightroom的裁剪工具被称为裁剪叠加工具。所谓叠加，是指用户可以在裁剪时在照片上看到Lightroom的参考线叠加。单击工具栏最左侧的按钮或者按【R】键都可以启动裁剪叠加工具。裁剪叠加工具面板是既可以裁剪照片，也可以旋转照片。

"修改照片"模块包含用于裁剪和矫正照片的工具和控件。Lightroom的裁剪和矫正控件的工作方式是，首先设置裁剪边界，然后相对于该裁剪边界移动和旋转图像。也可以使用更传统的裁剪和矫正工具，直接在照片中进行拖动。当调整裁剪叠加或移动图像时，Lightroom将在裁剪框内显示三等分网格，帮助用户创建最终图像，如图4-3所示。旋转图像时，会显示更密的网格，帮助用户与图像中的直线对齐，如图4-4所示。要在裁剪叠加工具中旋转照片，可以在裁剪框之外拖动鼠标，Lightroom根据鼠标的移动方向完成旋转。

图4-3　显示三等分网格　　　　　　　　　　图4-4　显示更密的网格

步骤 03　运用裁剪框工具拖曳裁剪框，确认裁剪框范围，如图4-5所示。

步骤 04　单击预览窗口右下角的"完成"按钮，完成图像的裁剪，变换画面的构图，效果如图4-6所示。

图4-5　确认裁剪框范围　　　　　　　　　　图4-6　变换画面的构图

步骤 05　展开"基本"面板，设置"清晰度"为17、"鲜艳度"为29、"饱和度"为45，加强画面的色彩，效果如图4-7所示。

步骤 06　展开"色调曲线"面板，设置"点曲线"为"中对比度"，增强明暗对比，效果如图4-8所示。

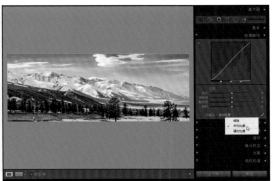

图4-7　加强画面的色彩　　　　　　　　　　　　　　图4-8　增强明暗对比

专家指点

　　完成裁剪操作后，单击工具栏上的"完成"按钮、按【Enter】键或者在照片上双击，都可以应用裁剪并退出裁剪叠加工具。如果用户没有使用过无损编辑软件，那么这是Lightroom带给用户的最大方便：完成照片裁剪之后，在任何时候重新启动裁剪叠加工具，即将看到原图像。用户可以继续对照片进行裁剪，找回之前已经被裁剪掉的部分。也就是说，不必担心把什么东西裁剪掉了。只要用户愿意，就可以在以后重新找回这些东西。另外，还可以使用【Ctrl＋Alt＋R】组合键来复位裁剪，让照片恢复到未裁剪的状态。

　　在"裁剪叠加"面板中，单击"长宽比"选项右侧的"原始图像"，在弹出的列表框中选择"输入自定值"选项，如图4-9所示。弹出"输入自定长宽比"对话框，设置"长宽比"为2.000×1.000，如图4-10所示。

图4-9　选择"输入自定值"选项　　　　　　　　　　图4-10　输入自定长宽比

单击"确定"按钮，即可根据设定的长宽比显示裁剪的范围，如图4-11所示。运用移动鼠标调整裁剪框的位置，确认裁剪范围，如图4-12所示。

图4-11　显示裁剪的范围　　　　　　　　　　　　图4-12　确认裁剪范围

单击预览窗口右下角的"完成"按钮，如图4-13所示。执行上述操作后，即可完成图像的裁剪，变换画面的构图，效果如图4-14所示。

图4-13　单击"完成"按钮　　　　　　　　　　　　图4-14　按指定的长宽比裁剪

在Lightroom中裁剪图像时，按【O】键可在裁剪区域中循环切换网格叠加形式。要仅在裁剪时显示网格，可以单击"工具"|"工具叠加"|"自动显示"命令；要禁用网格，可单击"工具"|"工具叠加"|"从不显示"命令。另外，按【Shift＋A】组合键可选择上次使用的长宽比对应的裁剪叠加工具。Lightroom最多可存储5个自定裁剪比例。如果创建的长宽比超过5个，最早的长宽比将会从列表中删除。按【Shift】键可以在拖动裁剪手柄时暂时锁定为当前长宽比。

最终效果

原图

4.2 利用角度功能校正倾斜的照片效果

Lightroom除了可以自由裁剪图像，调整照片的构图外，还可以在"裁剪叠加"工具选项中利用角度倾斜校正工具，调整倾斜的照片。

步骤 01 在Lightroom中导入一张照片素材，切换至"修改照片"模块，如图4-15所示。

步骤 02 单击工具栏上的"裁剪叠加"按钮，自动创建一个裁剪框，如图4-16所示。

图4-15　导入照片素材　　　　　　　　　　　图4-16　创建裁剪框

步骤 03 在"裁剪叠加"选项面板中，设置"角度"为3.30，如图4-17所示。

步骤 04 执行上述操作后，即可在预览窗口中看到调整角度后的图像，如图4-18所示。

图4-17　设置"角度"参数

图4-18　调整图像角度

在Lightroom中，可以任意切换裁剪方向。在工具栏中选择裁剪叠加工具，在照片中拖动鼠标设置裁剪边界，按【X】键可以将方向从横向更改为纵向，或从纵向更改为横向。

步骤 05 单击预览窗口右下角的"完成"按钮，完成图像的裁剪，如图4-19所示。

步骤 06 展开"基本"面板，设置"对比度"为29，调整画面对比度，效果如图4-20所示。

图4-19　完成图像的裁剪　　　　　　　　　　图4-20　调整画面对比度

步骤 07 在"基本"面板的"偏好"选项区中，设置"清晰度"为10、"鲜艳度"为100、"饱和度"为28，增强照片的色彩鲜艳度，效果如图4-21所示。

步骤 08 展开"细节"面板，设置"锐化"为20，增强照片的清晰度，效果如图4-22所示。

图4-21　增强照片的色彩鲜艳度　　　　　　　图4-22　增强照片的清晰度

在Lightroom中除了裁剪、旋转角度改变照片构图外，还可以进行逆时针旋转、顺时针旋转、水平翻转、垂直翻转等操作改变照片构图。

逆时针旋转或顺时针旋转

要以90°增量旋转照片，可以执行"照片"|"逆时针旋转"或"顺时针旋转"命令，照片会围绕其中心点按顺时针或逆时针方向旋转。例如图4-23为原图。在菜单栏中，单击"照片"|"顺时针旋转"命令，如图4-24所示。

图4-23　导入照片素材

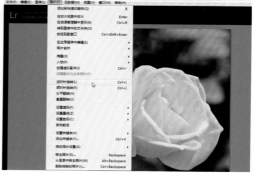

图4-24　单击"顺时针旋转"命令

执行上述操作后，即可以90°角顺时针旋转照片，效果如图4-25所示。另外，也可以通过"逆时针旋转"命令对照片进行逆时针旋转，效果如图4-26所示。

图4-25　顺时针旋转照片

图4-26　逆时针旋转照片

水平翻转或垂直翻转

要从左到右水平翻转照片以查看其镜像图像，可以执行"照片"|"水平翻转"命令。此时显示在左侧的对象将显示在右侧，反之亦然，效果如图4-27所示。同时，照片中的文本也将显示在翻转后的镜像图像中。

图4-27　水平翻转照片

在Lightroom中，要从上到下垂直翻转照片以查看上下反转的镜像图像，可以执行"照片"|"垂直翻转"命令，效果如图4-28所示。

图4-28　垂直翻转照片

最终效果

原图

4.3 应用Lightroom预设改变照片风格

Lightroom提供了多种预设选项，用户可以根据画面的需要选择合适的预设，对画面进行简单处理。在下面的实例中，使用"Lightroom效果预设"为照片添加晕影，突出主体人物，再利用"Lightroom视频预设"将照片转换为黑白效果，更改照片的意境。

步骤01 在Lightroom中导入一张照片素材，切换至"图库"模块，如图4-29所示。

步骤02 展开"快速修改照片"面板，单击"存储的预设"选项后面的扩展按钮，在打开的菜单中选择"Lightroom效果预设"|"晕影2"选项，如图4-30所示。

图4-29 将照片素材导入"图库"模块　　　　图4-30 选择"晕影2"选项

专家指点

　　"图库"模块中另一个常用的选项是显示信息叠加，用户可以在照片上叠加一些信息，以方便在浏览时观摩拍摄参数以及一些其他元数据。在网格视图和放大视图中，都可以叠加信息。要在网格视图中叠加信息，可以按【J】键在不叠加信息、紧凑单元格和扩展单元格3种模式之间切换。紧凑单元格和扩展单元格是两种不同的信息叠加模式，后者扩展了照片单元格以显示额外的信息，通常能够显示更多内容。

　　在放大视图模式下，也有两种信息叠加模式，被称为信息1和信息2，如图4-31所示。与网格视图不同，放大视图中用于切换信息叠加的快捷键是【I】键。按【I】键可以在不叠加信息、叠加信息1和叠加信息2之间切换。

图4-31 显示叠加信息

步骤 03 执行操作后，为照片添加晕影效果，如图 4-32 所示。

步骤 04 单击"存储的预设"选项后面的扩展按钮，在打开的菜单中选择"Lightroom 视频预设"|"视频黑白（古典）"选项，如图 4-33 所示。

图 4-32　添加晕影效果

图 4-33　选择"视频黑白（古典）"选项

步骤 05 执行操作后，将图像转换为黑白效果，如图 4-34 所示。

步骤 06 在"快速修改照片"面板中，单击一次"清晰度"选项右侧的"增加清晰度"按钮，提高清晰度，得到更精细的画面效果，如图 4-35 所示。

图 4-34　转换为黑白效果

图 4-35　提高清晰度

最终效果

4.4 应用Lightroom预设改变照片色调

在下面的实例中，使用"Lightroom常规预设"为照片添加中对比度曲线，加深明暗对比，再利用"Lightroom颜色预设"为照片添加"古极线"预设色调，更改照片的色调。

步骤 01 在Lightroom中导入一张照片素材，切换至"修改照片"模块，如图4-36所示。

步骤 02 展开左侧的"预设"面板，在下方的列表框中选择"Lightroom常规预设"|"中对比度曲线"选项，如图4-37所示。

图4-36 导入照片素材

图4-37 选择"中对比度曲线"选项

专家指点

Lightroom会记录用户的每一个操作步骤，因此用户不用担心做错了什么。如果不小心进行了误操作，可以按【Ctrl＋Z】组合键返回上一步的操作。另外，"修改照片"模块的左侧面板中有一个"历史记录"面板，可以在此看到用户对当前照片进行的所有操作，如图4-38所示，单击任意操作步骤可回到当时的状态。当将鼠标指针停在相应的历史记录上时，还可以在"导航器"面板中预览对应的结果。

图4-38 "历史记录"面板

步骤 03 执行操作后，即可加深照片的对比效果，如图4-39所示。

步骤 04 在"预设"面板中选择"Lightroom颜色预设"|"古极线"选项，如图4-40所示。

图4-39　加深照片的对比效果　　　　　　　　　　　　图4-40　选择"古极线"选项

步骤 05 执行操作后，即可应用"古极线"预设色调，效果如图4-41所示。

步骤 06 展开"修改照片"模块右侧的"效果"模板，在"裁剪后暗角"选项区中设置"数量"为-18，为照片添加暗角效果，如图4-42所示。

图4-41　应用"古极线"预设色调　　　　　　　　　　图4-42　添加暗角效果

最终效果

原图

4.5 应用自动白平衡功能校正照片效果

Lightroom中预设了自动白平衡功能，当拍摄的照片出现不正常的白平衡效果时，就需要在后期处理中利用白平衡功能校正画面的白平衡。

步骤 01 在Lightroom中导入一张照片素材，切换至"修改照片"模块，如图4-43所示。

步骤 02 展开"基本"面板，单击"白平衡"选项后的下拉按钮，在弹出的列表框中选择"自动"选项，如图4-44所示。

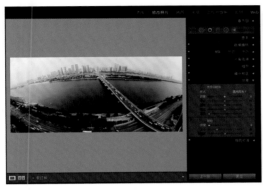

图4-43 导入照片素材

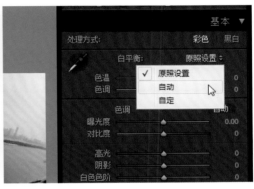

图4-44 选择"自动"选项

专家指点

如果在调整白平衡中的色温和色调参数后，发现阴影区域中存在绿色或洋红偏色，则可以尝试调整"相机校准"面板中的"阴影色调"滑块将其消除，如图4-45所示。

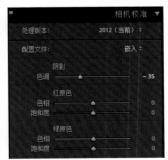

图4-45 通过"相机校准"面板恢复照片白平衡

步骤 03 执行操作后，自动调整错误的白平衡设置，恢复自然的白平衡效果，如图4-46所示。

步骤 04 在"基本"面板中，设置"对比度"为10、"清晰度"为19、"鲜艳度"为11、"饱和度"为21，增强对比，得到更清晰的画面效果，如图4-47所示。

图4-46　恢复自然的白平衡效果

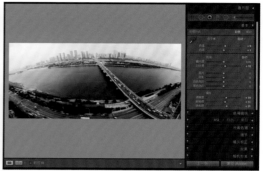
图4-47　图像效果

专家指点

在Lightroom中，可以调整照片的白平衡，以反映拍摄照片时所处的光照条件：日光、白炽灯或闪光灯等。不但可以选择白平衡预设选项，还可以通过白平衡选择器单击希望指定为中性色的照片区域。Lightroom会调整白平衡设置，然后可以修改参数对其进行微调。

1. 选择白平衡预设选项

在"修改照片"模块的"基本"面板中，从"白平衡"弹出菜单中选择一个选项。

原照设置：选择"原照设置"选项时，系统将使用相机的白平衡设置。

自动：选择"自动"选项时，系统基于图像数据计算白平衡。Lightroom会应用所选白平衡设置，同时相应移动"基本"面板中的"色温"和"色调"滑块。使用这些滑块可以微调颜色平衡。如果相机的白平衡设置不可用，则"自动"是默认选项。

自定：手动调整"基本"面板中的"色温"和"色调"滑块设置颜色平衡。

在"修改照片"模块的"基本"面板中，可以调整"色温"和"色调"滑块来调整照片的白平衡。

色温：使用Kelvin（绝对温度）颜色温标微调白平衡。将该滑块左移可降低照片的色温，将其右移可提高照片的色温，如图4-48所示。也可在"色温"文本框中设置一个特定Kelvin值，使其与环境光颜色匹配。单击当前值可以选择该文本框，然后输入新值。例如，摄影用的白炽灯光通常在3200 Kelvin达到平衡。如果在白炽灯光下拍照并将图像色温设置为3200，则该照片应显示为色彩平衡。处理JPEG、TIFF和PSD文件时，采用-100～100范围的温标值，而不是Kelvin温标。非原始文件（如JPEG或TIFF文件）在文件中包含色温设置，因此温标范围更有限。

图4-48　调整色温参数

　　色调：微调白平衡来补偿绿色或洋红色调，如图4-49所示。将滑块左移（负值）可给照片添加绿色；将滑块右移（正值）可添加洋红。

图4-49　调整色调参数

　　2. 指定照片的中性区域

　　在"修改照片"模块的"基本"面板中，单击"白平衡选择器"按钮或按【W】键，即可选取白平衡选择器。选取白平衡选择器后，可以根据需要设置工具栏中的选项，如图4-50所示。将白平衡选择器移到照片上一处的中性浅灰色区域中，找到合适区域时，单击该区域，可使选定颜色成为中性色。注意不要移动到光谱高光或100%白色区域。

　　自动关闭：将"白平衡选择器"工具设置为仅在照片中单击一次后自动关闭。

　　显示放大视图：显示位于白平衡选择器下的像素样本的特写视图和RGB值。

　　"缩放"滑块：在放大视图中缩放特写图，如图4-51所示。

完成：关闭"白平衡选择器"工具，默认情况下，指针会变为"手形"或"放大"工具。

图4-50　白平衡选择器的工具栏选项　　　　　　　图4-51　调整"缩放"滑块

将"白平衡选择器"工具移至不同像素时，"导航器"中会显示颜色平衡的预览，如图4-52所示。

图4-52　显示颜色平衡的预览

最终效果

原图

4.6 改变色温将照片转换为暖色调效果

色温对于摄影的应用是非常重要的，不同色温下的物体可以呈现出不同的效果。在"图库"模块中，使用"色温"选项可以快速更改一张或多张照片的色温。

步骤 01 在Lightroom中导入一张照片素材，进入"图库"模块，如图4-53所示。

步骤 02 展开右侧的"白平衡"选项区，单击"提高色温"按钮，提高照片的色温，效果如图4-54所示。

图4-53　导入照片素材　　　　　　　　　　图4-54　提高照片的色温

步骤 03 再次单击"提高色温"按钮，进一步提高照片色温，将照片转换为暖色调效果，如图4-55所示。

步骤 04 单击"增加清晰度"和"增加鲜艳度"按钮，增强画面色彩，效果如图4-56所示。

图4-55　将照片转换为暖色调效果　　　　　　图4-56　增强画面色彩

最终效果

原图

4.7 利用自动调整功能调整照片的影调

在Lightroom中除了可以校正错误的白平衡外，还可以运用自动调整功能设置照片的影调。

步骤 01 在Lightroom中导入一张照片素材，进入"图库"模块，如图4-57所示。

步骤 02 展开右侧的"快速修改照片"面板，单击"自动调整色调"按钮，如图4-58所示。

图4-57 导入照片素材

图4-58 单击"自动调整色调"按钮

步骤 03 执行上述操作后，即可自动校正照片影调，效果如图4-59所示。

步骤 04 对画面应用"微调"预设效果后，在下方的色调控制选项下，单击"增加对比度"按钮，提高画面的对比度效果，如图4-60所示。

图4-59 自动校正照片影调

图4-60 提高画面的对比度效果

步骤 05 单击"增加白色色阶剪切"按钮,提亮照片中的白色区域,效果如图4-61所示。

步骤 06 单击两次"增加黑色色阶剪切"按钮,在画面中可以看到调整后的效果,得到明暗分明的画面,如图4-62所示。

图4-61 提亮照片中的白色区域　　　　　　　　　图4-62 得到明暗分明的画面

步骤 07 展开"修改照片"模块下的"基本"面板,设置"清晰度"为20、"鲜艳度"为80,增加画面的色彩强度,加强效果,如图4-63所示。

步骤 08 展开右侧的"效果"面板,在"颗粒"选项区中设置"数量"为16、"大小"为50,为照片添加颗粒效果,如图4-64所示。

图4-63 加强效果　　　　　　　　　　　图4-64 添加颗粒效果

最终效果

原图

4.8 利用"清晰度"功能获取清晰画面

并不是每个人都能够拍摄到足够清晰的照片，绝大多数时候还需要通过后期修复获取清晰的画面效果。通过Lightroom的清晰度设置，可以快速提高照片清晰度，获取具有强烈视觉冲击力的影像效果。

步骤 01 在Lightroom中导入一张照片素材，进入"图库"模块，如图4-65所示。

步骤 02 展开右侧的"快速修改照片"面板，单击"自动调整色调"按钮，提亮画面，效果如图4-66所示。

图4-65 提亮照片中的白色区域

图4-66 得到明暗分明的画面

步骤 03 切换至"修改照片"模块，在"基本"面板中设置"清晰度"为61，增加画面清晰度，效果如图4-67所示。

步骤 04 设置"鲜艳度"为39、"对比度"为32，增强画面色彩，效果如图4-68所示。

图4-67 增加画面清晰度

图4-68 增强画面色彩

　　随着相机S1 Ver.1.01固件版本的发布，Lightroom中多了一个"清晰度"（Clarity）设置滑块。开始时，这个滑块的数值是从0到100。在现在的S2 Ver.1.0.3.3固件版本中，这个滑块的值已经从-100到100了。清晰度设置主要是对中间调产生影响，它产生影响的方式是增加反差，而且通常不会引起太多的噪点。下面展示一些处理前后的例图，借以说明哪些照片该如何恰当地使用清晰度设置。

　　图4-69是一张植物的特写照片，这张照片还没有调整过清晰度。不过，通过照片的直方图就能知道这张照片会有比较大的调整效果。

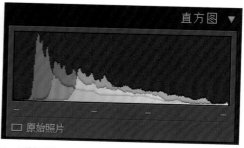

图4-69　原始图像

　　图4-70为把清晰度滑块分别调整到-100和+100后的效果，可以看到这两张照片的变化非常大。因为海浪和沙滩的细节都位于中间调，使用清晰度设置可以有效改变这些细节。同时，高光区（比如天空）的变化非常小。

图4-70　　-100和+100的清晰度效果对比

　　由此可以看出，清晰度控件会影响照片的中间调。这是一个有用的功能，因为不会在高光或阴影区增加噪点，而其他增加反差的操作就会。对大多数照片来说这是个有用的功能，只是小心不要滥用它，否则会令边缘过于生硬。

最终效果

原图

4.9 利用"鲜艳度"功能加强画面色彩

色彩暗淡的照片不仅看起来没有层次感,而且不能清楚表现原本的色彩。通过Lightroom中的快速调整功能,可以恢复画面的艳丽色彩。在本实例中,单击"快速修改照片"面板中的"增加鲜艳度"按钮,即可轻松提升照片的色彩饱和度,让原本暗淡无光的照片重现生机,增强画面的艺术感染力。

步骤 01 在Lightroom中导入一张照片素材,默认进入"图库"模块,如图4-71所示。

步骤 02 展开右侧的"快速修改照片"面板,单击"增加鲜艳度"按钮,提高照片饱和度,效果如图4-72所示。

图4-71 导入照片素材

图4-72 提高饱和度

步骤 03 继续单击4次"增加鲜艳度"按钮,让原本暗淡的照片变得艳丽起来,效果如图4-73所示。

步骤 04 切换至"修改照片"模块,展开"基本"面板,设置"饱和度"为50,加强效果,如图4-74所示。

图4-73 再次提高照片饱和度

图4-74 增强照片的对比效果

最终效果

原图

4.10 利用自动同步一次性编辑多张照片

使用同步功能可将同一修改照片设置应用于一个组中的所有照片，批量更改照片，从而在处理图像时节省大量的时间。

步骤 01 在 Lightroom 中导入多张照片素材，默认进入"图库"模块，如图 4-75 所示。

步骤 02 选择相应的照片，并进入"放大视图"模式，如图 4-76 所示。

图4-75　导入照片素材

图4-76　进入"放大视图"模式

步骤 03 展开"快速修改照片"面板，单击"增加清晰度"按钮，增加照片清晰度，效果如图 4-77 所示。

步骤 04 单击"增加鲜艳度"按钮，加强照片色彩，效果如图 4-78 所示。

图4-77　增加照片清晰度

图4-78　加强照片色彩

步骤 05 完成其中一张照片的调整后，在界面下方的胶片显示窗格中按住【Ctrl】键的同时，单击选择其他3张照片，如图4-79所示。

步骤 06 单击"同步设置"按钮，弹出"同步设置"对话框，设置照片的同步选项，单击"同步"按钮，如图4-80所示。

图4-79 选择其他3张照片   图4-80 单击"同步"按钮

步骤 07 执行操作后，即可查看同步设置后的图像效果，如图4-81所示。

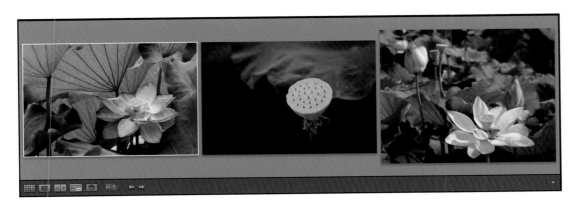

图4-81 查看同步设置后的图像效果

05

最终效果

原图

5.1 利用色调曲线校正照片画面色彩

随着用户对曲线的熟练运用，原来那些即便是焦点不清、对焦不实的照片在日后也会有修复还原的可能。曲线原本就是对影调区域分别加以控制的工具，根据照片的特点设置曲线才是最大化曲线价值的方法。因此，用户不要去找别人的曲线，而应努力描画适合自己照片的曲线。

步骤 01 在Lightroom中导入一张照片素材，效果如图5-1所示。

图5-1 导入照片素材

步骤 02 切换至"修改照片"模块，展开右侧的"基本"面板，设置"对比度"为20、"清晰度"为16、"鲜艳度"为50、"饱和度"为20，增强画面亮度和色彩，效果如图5-2所示。

步骤 03 展开"色调曲线"面板，切换至点曲线视图，为曲线添加两个锚点，使画面的对比度更加和谐，如图5-3所示。

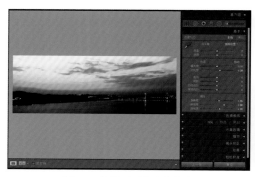

图5-2 增强画面亮度和色彩

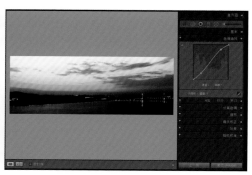

图5-3 图像效果

曲线的概念很多用户都听过，尤其是刚接触后期处理的用户中，曲线更是一个振奋人心的词语，因为曲线似乎能解决很多问题，蕴含着无穷无尽的魔力。其实，曲线只是一个工具，一个用于控制不同影调区域对比度的工具。曲线的功能与"基本"面板中的色调区域命令非常相似，可以将这两个命令看作是相互备份和互为补充的命令。"色调曲线"面板用于调整照片的明亮度、色彩，如图5-4所示。单击"色调曲线"面板下方的"单击以编辑点曲线"按钮，可以切换至"点曲线"选项，在此选项下可以对不同的通道应用曲线调整。色调曲线提供了一种调整所扫描图像色彩强度的通用方法。可以调整阴影、亮色调、暗色调和高光值，这有助于保证图像的色彩平衡。

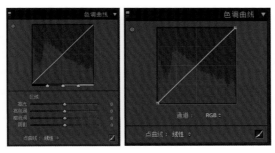

图5-4 "色调曲线"面板

"修改照片"模块的"色调曲线"面板中的曲线图反映了对照片的色调等级所做的更改。

水平轴表示原始色调值（输入值），其中最左端表示黑色，越靠近右端，色调亮度越高。

垂直轴表示更改后的色调值（输出值），其中最底端表示黑色，越靠近顶端，色调亮度越高，最顶端为白色。

使用色调曲线，可以微调在"基本"面板中对照片所做的调整。曲线下方有高光、亮色调、暗色调与阴影4个命令，分别控制不同区域的明暗。默认情况下，曲线是一条直线，既可以直接拖动曲线，也可以拖动下方的命令滑块来改变曲线。"色调曲线"面板中的"暗色调"和"亮色调"滑块主要影响曲线的中部区域；"高光"和"阴影"滑块主要影响色调范围的两极区域。

如图5-5所示，将鼠标指向暗色调部分，Lightroom不但会显示暗色调影响曲线的哪个部分，灰色的区域还限定了曲线的移动范围；当设置"暗色调"为100时，从曲线图上可以看出阴影到中间调的部分亮度增加，高光部分则没有变化；同时，在50%亮度左侧的部分对比度增加（曲线斜率上升），而在50%亮度右侧的大多数区域对比度降低（曲线斜率下降）；同样的，当设置"暗色调"为-100时，高光部分也没有变化。

要调整色调曲线，可以执行以下任一操作。

单击曲线，并向上或向下拖动，如图5-6所示。拖动时，受影响的区域将会高亮显示，并且相关滑块移动。原始色调值与新色调值显示在色调曲线图的左上角。

可以将4个"区域"滑块中的任意滑块向左或向右拖动。拖动时，曲线在受影响区域（高光、亮色调、暗色调、阴影）之内移动。该区域在色调曲线图中高亮显示。要编辑曲线区域，可以拖动位于色调曲线图底部的分离控件。将分离控件滑块向右拖动可扩大该色调区域；向左拖动可缩小该区域。

单击以选择"色调曲线"面板左上角的"目标调整"工具，然后单击要调整的照片区域。拖动或按向上键

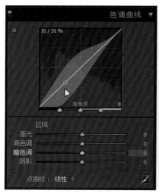 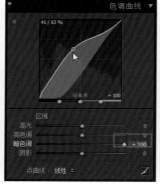 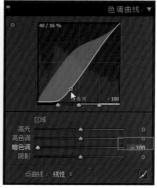

图5-5　暗色调命令所改变的曲线区域

和向下键，使照片中所有相近色调的值变亮或变暗。

从"点曲线"菜单中选择一个选项："线性""中对比度"或"强对比度"，该设置将体现在曲线中，但不会反映在"区域"滑块中。

曲线不是滤镜，它是在忠于原图的基础上对图像做一些调整，而不像滤镜可以创造出无中生有的效果。在"色调曲线"面板中，可以调节的是4条曲线：RGB（总亮度）、R（红）、G（绿）、B（蓝）。

对于喜欢使用曲线命令的用户来说，笔者建议多使用点曲线。单击"色调曲线"面板右下角的"单击以编辑点曲线"按钮，可将区域模式切换为点曲线模式。在点曲线中，可以自由地在曲线的不同位置添加锚点，以改变曲线的形态。这种方式能够充分体现曲线在影调调整中的优势——自由。无论如何添加锚点，用户都必须记住其基本原理：当某个点在曲线上比原来的位置高时，这个点就比本来要亮，反之则要暗。任意两点之间总会连成一条曲线。对于任意位置，如果曲线的切线变陡，那么对比度增加，反之则对比度降低。如图5-6所示，在50%灰的地方添加一个锚点，也就是说，画面上所有亮度小于50%灰的区域亮度提升、对比度增加；而所有亮度高于50%灰的区域，尽管亮度也提升了，但是对比度会下降。

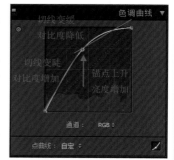

图5-6　添加锚点的基本原理

最终效果

原图

5.2　利用红眼校正工具修复人物红眼

在夜晚等场景拍摄的人物照片往往会出现红眼现象，用户可以通过Lightroom中的红眼校正工具快速消除人像照片中的红眼，恢复动人的眼神。

步骤 01　在Lightroom中导入一张照片素材，切换至"修改照片"模块，如图5-7所示。

步骤 02　选取工具栏上的红眼校正工具，当光标变为定位标记后，将其移动到画面上的红眼位置，如图5-8所示。

图5-7　导入照片素材

图5-8　移动鼠标光标

步骤 03　在左侧眼睛位置处单击，即可去除红眼，效果如图5-9所示。

步骤 04　继续使用红眼校正工具，去除图像右侧的红眼，单击右下角的"完成"按钮保存即可，效果如图5-10所示。

图5-9　去除红眼

图5-10　图像效果

最终效果

原图

5.3 使用污点去除工具修复照片瑕疵

运用Lightroom中的污点去除工具去除污渍十分方便，它可以自动采样，快速修复有污点的图像。

步骤 01 在Lightroom中导入一张照片素材，如图5-11所示。

步骤 02 切换至"修改照片"模块，选取工具栏上的污点去除工具，在展开的"污点去除"选项面板中设置"大小"为77、"羽化"为18，如图5-12所示。

图5-11 导入照片素材　　　　　　　　　　　　　　图5-12 设置参数

步骤 03 在人物衣服的污点上单击，并调整修复范围，即可修复瑕疵，效果如图5-13所示，单击右下角的"完成"按钮保存修改。

步骤 04 展开"基本"面板，设置"清晰度"为27、"鲜艳度"为30，增强色彩效果，如图5-14所示。

图5-13 修复瑕疵　　　　　　　　　　　　　　图5-14 增强色彩效果

最终效果

原图

5.4 使用"镜头校正"面板修复色边

在使用数码相机拍摄高反差、强逆光的人物或景物时，对象的边缘常常会出现明显的色边，Lightroom中预置的"镜头校正"选项可以快速修复照片中出现的色边。

步骤 01 在Lightroom中导入一张照片素材，切换至"修改照片"模块，如图5-15所示。

步骤 02 展开"镜头校正"面板，选中"删除色差"复选框，修复照片中的色差现象，效果如图5-16所示。

图5-15 导入照片素材

图5-16 修复照片中的色差现象

步骤 03 放大视图，切换至"颜色"选项区，选取边颜色选择器工具，在图像中的色边上多次单击，修复色边，如图5-17所示。

步骤 04 修复完成后，单击"完成"按钮即可，效果如图5-18所示。

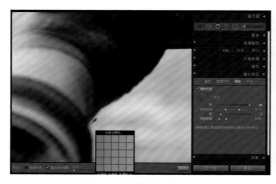

图5-17 单击鼠标左键

图5-18 修复色边

步骤 05 展开"基本"面板，单击"自动"按钮，自动调整曝光度、对比度、高光以及阴影等参数，如图5-19所示。

步骤 06 设置"清晰度"为12、"鲜艳度"为15、"饱和度"为8，效果如图5-20所示。

图5-19 使照片恢复自然色调   图5-20 增加照片色彩

专家指点

从"镜头校正"面板的4种可用Upright模式中，单击一种模式以将校正应用于照片，如图5-21所示。

自动：平衡色阶、长宽比和透视校正。

水平：透视校正侧重于横向细节。

垂直：透视校正侧重于纵向细节和水平校正。

全部：水平、垂直和自动透视校正的组合。

图5-21 应用Upright模式调整照片构图

最终效果

5.5 利用镜头校正功能修复变形照片

在摄影中，常常由于相机镜头的缺陷，导致拍摄出来的画面出现桶形和枕形畸变。在本实例中，将利用Lightroom中的"镜头校正"功能校正扭曲变形的照片，首先在"镜头校正"面板下的"配置文件"选项卡中选择相机配置文件，校正照片中的变形，再适当调整照片颜色，渲染温暖氛围。

步骤 01　在Lightroom中导入一张照片素材，如图5-22所示。

图5-22　导入照片素材

步骤 02　切换至"修改照片"模块，单击"镜头校正"倒三角形按钮，展开"镜头校正"面板，选中"启用配置文件校正"复选框，效果如图5-23所示。

步骤 03　切换至"手动"选项卡，设置"扭曲度"为13、"垂直"为-2、"旋转"为-1，如图5-24所示。

图5-23　选中"启用配置文件校正"复选框

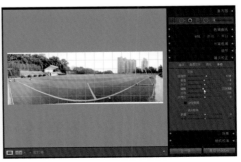

图5-24　设置参数

步骤 04 选中"锁定裁剪"复选框，即可校正变形的画面，效果如图5-25所示。

步骤 05 展开"色调曲线"面板，设置"亮色调"为29、"暗色调"为15，调整画面影调，效果如图5-26所示。

图5-25　校正变形的画面

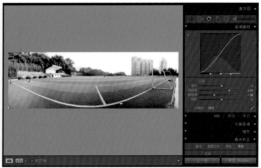

图5-26　调整画面影调

步骤 06 展开"基本"面板，设置"白平衡"为"自动"，恢复照片白平衡，效果如图5-27所示。

步骤 07 设置"清晰度"为11、"鲜艳度"为16、"饱和度"为25，效果如图5-28所示。

图5-27　恢复照片白平衡

图5-28　加深画面色彩

专家指点

在"快速修改照片"面板中，每单击一次"曝光度"选项的向右双箭头就会增加1/3档曝光，单击一次向右箭头就增加一档曝光；使用同样的方法单击向左的箭头和双箭头，可不同程度地减少照片的曝光。

最终效果

原图

5.6 利用镜头校正功能修复边缘暗角

暗角是一种镜头缺陷，它最直观的表现就是图像的边缘比中心暗。在Lightroom中，只需要拖曳"镜头暗角"区域中的"数量"和"中点"滑块，即可将暗角从影像中去除。

步骤 01 在Lightroom中导入一张照片素材，切换至"修改照片"模块，如图5-29所示。

步骤 02 展开"镜头校正"面板，切换至"手动"选项卡，设置"数量"为100、"中点"为30，如图5-30所示。

图5-29 导入照片素材

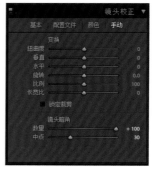

图5-30 设置镜头暗角选项

步骤 03 执行上述操作后，即可去除画面边缘的暗角，效果如图5-31所示。

步骤 04 展开"基本"面板，设置"色调"为"自动"、"清晰度"为17、"鲜艳度"为29，如图5-32所示。

图5-31 校正镜头暗角效果

图5-32 修饰画面影调效果

最终效果

原图

5.7 利用相机校准功能恢复照片色彩

　　Lightroom中内置的"相机校准"功能利用不同的相机配置文件和原色调调整滑块，处理图像的颜色外观，修复偏色的照片，快速校准照片颜色。

步骤 01　在Lightroom中导入一张照片素材，切换至"修改照片"模块，如图5-33所示。

步骤 02　展开"相机校准"面板，在"阴影"选项区设置"色调"为16，在"红原色"选项区设置"色相"为51、"饱和度"为39，在"绿原色"选项区设置"色相"为-20、"饱和度"为38，效果如图5-34所示。

图5-33　导入照片素材

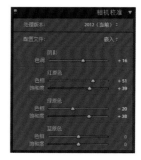

图5-34　设置相机校准参数

步骤 03　执行上述操作后，即可看到照片的色彩变得更加饱满，效果如图5-35所示。

步骤 04　展开"基本"面板，设置"对比度"为28、"高光"为30、"阴影"为21、"清晰度"为20、"饱和度"为18，如图5-36所示。

图5-35　照片的色彩变得更加饱满

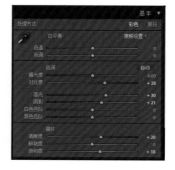

图5-36　设置基本参数

步骤 05 执行上述操作后，可以加深照片的色彩对比度，效果如图5-37所示。

步骤 06 展开"HSL"面板，切换至"饱和度"选项卡，设置"蓝色"为-26，效果如图5-38所示。

图5-37 加深照片的色彩对比度

图5-38 降低蓝色饱和度

步骤 07 切换至"明亮度"选项卡，设置"蓝色"为-29，效果如图5-39所示。

步骤 08 展开"细节"面板，设置锐化"数量"为29，增加照片清晰度，效果如图5-40所示。

图5-39 降低蓝色明亮度

图5-40 增加照片清晰度

专家指点

Lightroom为支持的每一种相机型号使用两个相机配置文件来处理原始图像。可在不同的白平衡光照条件下拍摄颜色目标来生成配置文件。设置白平衡后，Lightroom将使用用户相机的配置文件推断颜色信息。这些相机配置文件就是为Adobe Camera Raw开发的文件，而不是ICC颜色配置文件。使用"相机校准"面板中的控件并将所做更改存储为预设，可以调整Lightroom解析相机中颜色的方式。

最终效果

原图

5.8 利用分离色调功能加强照片冲击力

色调分离效果针对高光或阴影等特定影调，使用不同色彩上色，其撞色、上色效果的艺术感更强，更加吸引眼球。

步骤 01 在Lightroom中导入一张照片素材，切换至"修改照片"模块，如图5-41所示。

步骤 02 展开"分离色调"面板，在"高光"选项区中设置"色相"为235、"饱和度"为86，分离照片中的高光色调，效果如图5-42所示。

图5-41　导入照片素材

图5-42　分离照片中的高光色调

步骤 03 在"分离色调"面板的"阴影"选项区中设置"色相"为19、"饱和度"为30，分离照片中的阴影色调，效果如图5-43所示。

步骤 04 在"基本"面板中设置"对比度"为100、"清晰度"为13、"鲜艳度"为35，效果如图5-44所示。

图5-43　分离照片中的阴影色调

图5-44　增强色彩对比

步骤 05 选取工具箱中的污点去除工具，放大照片，在污点上单击，修复污点，效果如图5-45所示。

步骤 06 使用同样的方法，修复照片中的其他污点，单击"完成"按钮，效果如图5-46所示。

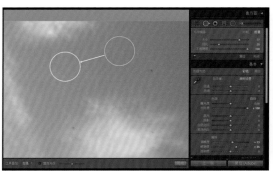

图5-45 修复污点

图5-46 图像效果

专家指点

分离色调是指一幅图像原本由紧紧相邻的渐变色阶构成，被数种突然的颜色转变所代替。这一种突然的转变，亦称作"跳阶"。分离色调可以是因为系统或档案格式对渐变色阶的支持不够而构成，但亦可通过照片处理软件达到相同效果。

因此，"分离色调"面板可用于为黑白图像着色，或创建彩色图像的特殊效果，如图5-47所示。

图5-47 分离色调效果

最终效果

原图

5.9 使用Lightroom修正曝光不足的照片

在光线不足的室外拍片时，由于光源不足，容易导致拍摄出来的图像出现偏灰的情况。本实例中，首先在"基本"面板下调整高光、亮色调等选项，提高高光部分亮度，降低阴影部分亮度，以增强对比，然后在"色调曲线"面板下设置有对比度选项，加强影调，还原灰蒙蒙的风光效果。

步骤 01 在Lightroom中导入一张照片素材，切换至"修改照片"模块，如图5-48所示。

步骤 02 展开"基本"面板，设置"曝光度"为1.9、"对比度"为61，增加照片的明暗对比，效果如图5-49所示。

图5-48 导入照片素材

图5-49 增加照片的明暗对比

步骤 03 在"基本"面板中，设置"高光"为-100、"阴影"为100、"白色色阶"为21、"黑色色阶"为-72，如图5-50所示。

步骤 04 执行操作后，即可调整图像暗调，效果如图5-51所示。

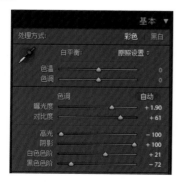

图5-50 设置相应参数

图5-51 调整图像暗调

步骤 05 在"基本"面板的"偏好"选项区中设置"清晰度"为26、"鲜艳度"为59、"饱和度"为19，对图像进行锐化处理，得到更鲜艳的画面，效果如图5-52所示。

步骤 06 展开"色调曲线"面板，进入编辑点曲线模式，在曲线上添加两个节点，并适当调整其位置，增强色彩对比效果，如图5-53所示。

图5-52 对图像进行锐化处理　　　　　　　　　　　图5-53 增强色彩对比效果

步骤 07 选取裁剪叠加工具，设置"角度"为1.59，扶正倾斜的水平线，效果如图5-54所示。

步骤 08 单击"完成"按钮，得到最终效果，如图5-55所示。

图5-54 扶正倾斜的水平线　　　　　　　　　　　图5-55 最终效果

最终效果

原图

5.10 快速纠正室内灯光导致的偏色

在拍摄照片时，如果相机中的白平衡设置与景物照明的光线条件不一致，就会导致拍摄出来的照片存在偏色的情况。本例就是一张由室内灯光照明导致偏黄的照片，在后期处理中使用Lightroom中的白平衡选择器工具对其进行校正，并通过"基本"面板设置修正影调和色调，让照片恢复真实的色彩。

步骤 01 在Lightroom中导入一张照片素材，切换至"修改照片"模块，如图5-56所示。

步骤 02 展开"基本"面板，选取白平衡选择器工具，在照片中的相应位置处单击，如图5-57所示。

图5-56 导入照片素材

图5-57 单击鼠标左键

步骤 03 执行操作后，即可调整照片的白平衡参数，效果如图5-58所示。

步骤 04 展开"基本"面板，选取白平衡选择器工具，在照片中的相应位置处单击，如图5-57所示。

图5-58 调整照片的白平衡参数

图5-59 图像效果

第6章 把握细节: 照片局部的精修技法

　　有时，用户并不希望对整张照片进行全局调整，而只想针对照片的特定区域进行校正。例如，需要在人物照片中增加脸的亮度，使其变得突出，或者在风景照片中增强蓝天的显示效果。通过使用Lightroom，用户可以十分方便地对照片中的细节进行优化，获得更高品质的影像。

最终效果

原图

6.1 对风景照片进行降噪处理

如果前期拍摄条件有限，就不能避免图像噪点的产生，画面中出现的噪点会严重影响照片的质量，这可以在后期的数码暗房中轻松处理。在本实例中，将图像放大显示可以清楚地看到画面中明显的噪点，在"细节"面板中调整"明亮度"和"颜色"选项，去掉画面中的噪点，表现天空之美。

步骤 01 在Lightroom中导入一张照片素材，切换至"修改照片"模块，如图6-1所示。

步骤 02 单击"导航器"面板右侧的缩放按钮，选择3:1视图级别，放大图像，可以清楚地看到照片中的噪点，如图6-2所示。

图6-1 导入照片素材

图6-2 放大图像

图6-3 设置明亮度降噪参数

步骤 03 展开右侧的"细节"面板，在"减少杂色"选项区中，设置"明亮度"为68、"细节"为33、"对比度"为19，如图6-3所示。

步骤 04 执行上述操作后，即可减少画面中的噪点，效果如图6-4所示。

专家指点

　　与锐化一样，观察噪点时最好把照片放大到100%，甚至更大。充满普通显示器的尺寸往往无法清晰地显示噪点，而当放大照片后，噪点就变得很明显——这也提醒用户，如果只需要使用小尺寸的照片，很多时候其实可以完全忽略轻微的噪点问题。

步骤 05　继续在细节面板中设置"颜色"为72、"细节"为56、"平滑度"为80，如图6-5所示。

步骤 06　执行上述操作后，可减少画面中的颜色噪点，效果如图6-6所示。

步骤 07　展开"基本"面板，设置"鲜艳度"为59、"饱和度"为28，提升照片色彩饱和度，效果如图6-7所示。

图6-4　减少画面中的噪点

图6-5　设置颜色降噪参数

图6-6　减少画面中的颜色噪点

图6-7　提升照片色彩饱和度

专家指点

　　噪点在数码照片中是相当常见的问题。噪点的明显与否主要取决于以下3个因素。

　　噪点取决于记录信号的亮度。照片越亮，越不容易产生噪点，照片越暗，越容易产生噪点。因此，在昏暗的环境下拍摄的照片以及照片的阴影部分更容易出现明显的噪点。

　　噪点与拍摄照片采用的感光度有关。感光度越高，越容易出现噪点，感光度越低，画面相对会越干净。

　　噪点与感光元件的物理性能有关，包括单位像素面积和感光元件的制作工艺水平。

最终效果

原图

6.2 对夜景照片进行锐化处理

图像是否足够清晰是评价一张摄影作品画质高低的重要标准。本实例中，利用 Lightroom 中的锐化功能对模糊的照片进行锐化处理，弥补由于前期拍摄不到位而留下的遗憾，从而获得清晰的照片效果。

步骤 01 在 Lightroom 中导入一张照片素材，切换至"修改照片"模块，如图 6-8 所示。

步骤 02 展开"细节"面板，设置"数量"为 100，锐化图像，效果如图 6-9 所示。

图6-8　导入照片素材　　　　　　　　图6-9　锐化图像

步骤 03 按住【Alt】键不放，拖曳"半径"滑块，设置"半径"为 2.1，在预览窗口中显示锐化的照片细节，如图 6-10 所示。

步骤 04 展开"基本"面板，设置"鲜艳度"为 13、"饱和度"为 8，增强图像的画面色彩，效果如图 6-11 所示。

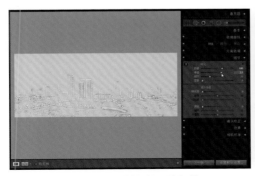

图6-10　显示锐化的照片细节　　　　　图6-11　增强图像的画面色彩

最终效果

原图

6.3 对人物皮肤进行磨皮处理

皮肤的效果会影响照片中人物的整体感觉和气氛，利用Lightroom中的调整画笔工具可以轻松将人物照片中的皮肤部分创建为编辑区域，通过降低编辑区域的清晰度和锐化程度来对人物进行磨皮处理，并提高曝光度来提亮肤色，制作出细腻滑嫩的肌肤效果。

步骤 01 在Lightroom中导入一张照片素材，切换至"修改照片"模块，如图6-12所示。

步骤 02 在工具栏上选取调整画笔工具，选中照片显示区域下方的"显示选定的蒙版叠加"复选框，在右侧的"调整画笔"选项面板中的"画笔"选项下设置"大小"为15、"羽化"为50，在图像的人脸区域涂抹，如图6-13所示。

图6-12 导入照片素材　　　　　　　　图6-13 涂抹蒙版区域

步骤 03 在"调整画笔"面板中设置"曝光度"为0.55、"对比度"为-15、"清晰度"为-21、"锐化程度"为-29、"杂色"为100，如图6-14所示。

步骤 04 取消选中"显示选定的蒙版叠加"复选框，单击"完成"按钮，效果如图6-15所示。

图6-14 设置参数值　　　　　　　　图6-15 图像效果

最终效果

原图

6.4　模糊背景增加照片景深效果

　　为拍摄的照片添加景深，可以突出照片主体对象。在本实例中，利用Lightroom中的调整画笔工具在照片中的背景区域涂抹，将背景从原照片中选取出来，然后在"调整画笔"选项面板中设置清晰度和锐化程度，对选取出来的背景进行模糊处理，为照片添加景深效果。

步骤 01　在Lightroom中导入一张照片素材，切换至"修改照片"模块，如图6-16所示。

步骤 02　在工具条上选取调整画笔工具，选中照片显示区域下方的"显示选定的蒙版叠加"复选框，然后在右侧的"调整画笔"选项面板中的"画笔"选项下设置"大小"为15、"羽化"为50，如图6-17所示。

图6-16　导入照片素材　　　　图6-17　设置画笔选项

步骤 03　设置完毕后，在图像的背景区域涂抹，如图6-18所示。

步骤 04　在"画笔"选项区中单击"擦除"按钮，擦除多余的蒙版区域，如图6-19所示。

图6-18　涂抹背景区域（1）

图6-19　涂抹背景区域（2）

步骤 05 在"调整画笔"面板中设置"对比度"为-100、"清晰度"为-100、"锐化程度"为-100，如图6-20所示。

步骤 06 取消选中图像显示区域下方的"显示选定的蒙版叠加"复选框，查看模糊后的图像，效果如图6-21所示，单击右下角的"完成"按钮。

图6-20　设置调整画笔参数

图6-21　模糊图像效果

步骤 07 展开"色调曲线"面板，设置"亮色调"为37，如图6-22所示。

步骤 08 执行上述操作后，即可增加照片的亮度，效果如图6-23所示。

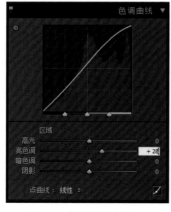

图6-22　设置曲线参数

图6-23　增加照片的亮度

最终效果

原图

6.5 打造迷人的蓝色天空效果

在拍摄自然风光时，摄影师为了突出天空下的景色忽略了天空，使其缺少应有的层次感，这时就需要通过后期处理还原天空色彩，增强画面的层次感。本实例中，在Lightroom中应用调整局部色彩明暗的渐变滤镜工具，从天空区域向下拖曳渐变，恢复蓝色的天空色彩，再调整画面整体色彩，展现更完美的画面效果。

步骤 01 在Lightroom中导入一张照片素材，切换至"修改照片"模块，如图6-24所示。

步骤 02 在工具栏上选取渐变滤镜工具，从图像上方向下方拖曳光标，当拖曳至合适位置时，释放鼠标，完成渐变绘制，如图6-25所示。

图6-24 导入照片素材　　　　　　图6-25 完成渐变绘制

步骤 03 在"渐变滤镜"选项面板中，设置"色温"为-81、"色调"为28、"曝光度"为-0.8、"清晰度"为-30、"饱和度"为28、"锐化程度"为-89，调整天空明暗对比，效果如图6-26所示。

专家指点

渐变滤镜是一个局部调整工具，它与调整画笔唯一的不同是添加蒙版的方法。渐变滤镜通过向照片添加一个过渡选区来决定哪些区域应用面板中确定的调整效果。渐变滤镜经常用来营造特殊效果，但是它最常用的场合可能是模拟渐变中的灰密度镜。

图6-26 调整天空明暗对比

步骤 04 单击"颜色"选项右侧的颜色选择框，在打开的颜色拾取器中选择蓝色，加深天空颜色，效果如图6-27所示。

步骤 05 单击主窗口右下角的"完成"按钮，即可添加渐变滤镜效果，如图6-28所示。

图6-27 加深天空颜色　　　　　　　　　　　　　　　图6-28 添加渐变滤镜效果

步骤 06 展开"基本"面板，设置"曝光度"为0.41、"对比度"为50、"高光"为13、"阴影"为13、"清晰度"为13、"鲜艳度"为20、"饱和度"为17，如图6-29所示。

步骤 07 执行上述操作后，即可增强画面色彩，效果如图6-30所示。

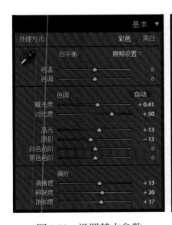 

图6-29 设置基本参数　　　　　　　　　　　　　　　图6-30 增强画面色彩

最终效果

原图

6.6　改变花卉照片的聚焦效果

　　Lightroom中的径向滤镜工具可以创建圆形的选区进行编辑，利用该工具的特性，可以处理一些聚焦效果不理想的照片，改变或者增强照片的聚焦效果。

步骤 01　　在Lightroom中导入一张照片素材，切换至"修改照片"模块，如图6-31所示。

步骤 02　　在工具栏上选取径向滤镜工具，在图像预览窗口中单击并拖曳鼠标，创建圆形的编辑区域，如图6-32所示。

图6-31　导入照片素材　　　　　　　图6-32　创建圆形的编辑区域

步骤 03　　完成径向滤镜应用范围的编辑后，设置"色调"为25、"曝光度"为0.89、"清晰度"为-100、"饱和度"为1、"锐化程度"为-100、"杂色"为-100，如图6-33所示。

步骤 04　　完成参数的设置后，在图像预览窗口中可以看到圆形区域以外的图像显示出朦胧的效果，如图6-34所示。

图6-33　设置参数值　　　　　　图6-34　图像效果

步骤 05 单击"颜色"选项右侧的颜色选择框，在打开的颜色拾取器中选择黄色，如图6-35所示。

步骤 06 执行操作后，单击"完成"按钮，应用径向滤镜，效果如图6-36所示。

图6-35 选择黄色

图6-36 应用径向滤镜

步骤 07 展开"基本"面板，设置"清晰度"为11、"鲜艳度"为8、"饱和度"为3，效果如图6-37所示。

步骤 08 为了整体的颜色更加均匀，还需要调整特定的颜色，展开"HSL/颜色/黑白"面板，在HSL的"饱和度"选项卡中设置"红色"为-36、"紫色"为12、"洋红"为22，效果如图6-38所示。

图6-37 加深照片色彩

图6-38 调整特定颜色效果

07

第7章　轻松调色：照片影调的处理技法

　　除了构图之外，照片的所有信息无不蕴含在对比与颜色之间。一张照片的好坏，说到底就是影调分布是否足够体现光线的美感，以及色彩是否表现得恰到好处。可以说，影调与色彩是后期处理的核心，几乎所有工具都是在处理这两个方面的问题。

最终效果

原图

7.1 使用直方图调整图像影调

在调整图像色彩的色调和颜色时，一般会先分析图像色彩的色阶状态以及色阶的分布，然后决定进行何种颜色方面的调整处理。在Lightroom中，常用于图像颜色分析的工具是"直方图"面板。直方图表示照片中各明亮度百分比下像素出现的数量，在"修改照片"模块中，"直方图"面板的某些特定区域与"基本"面板中的色调滑块相关。可以在直方图中拖动来调整色调，且所做的调整将反映在"基本"面板上的对应滑块中。

步骤 01 在Lightroom中导入一张照片素材，切换至"修改照片"模块，如图7-1所示。

步骤 02 展开右侧的"直方图"面板，将指针移至直方图中要调整的区域，此时受影响的区域高亮显示，而受影响的色调控件的名称显示在面板左下角，将指针向左或向右拖动，调整"基本"面板中的相应滑块值。根据需要拖曳直方图中的相应区域，设置"高光"为-10、"阴影"为11、"白色色阶"为39、"黑色色阶"为-20，效果如图7-2所示。

图7-1　导入照片素材

图7-2　调整照片直方图效果

专家指点

直方图左端表示明亮度为0%的像素，右端表示明亮度为100%的像素。直方图由三个颜色层组成，分别表示红色、绿色和蓝色通道。这三个通道发生重叠时将显示灰色；RGB通道中任两者发生重叠时，将显示黄色、洋红或青色：黄色相当于"红色"+"绿色"通道，洋红相当于"红色"+"蓝色"通道，而青色则相当于"绿色"+"蓝色"通道。

步骤 03 在"基本"面板中设置"清晰度"为33、"鲜艳度"为69，增加画面清晰度和色彩，效果如图7-3所示。

图7-3 增加画面清晰度和色彩

专家指点

在Lightroom中，用户可以在处理照片时预览照片中的色调剪切。"剪切"是指像素值向最大高光值或最小阴影值的偏移。剪切区域是全黑或全白的，不含任何图像细节。调整"基本"面板中的色调滑块时，可以预览剪切区域。剪切指示器位于"修改照片"模块中"直方图"面板的顶端，白色（阴影）剪切指示器■在左上角，绿色（高光）指示器■在右上角，如图7-4所示。

图7-4 预览高光剪切和阴影剪切

最终效果

原图

7.2　改善曝光增强静物的质感

　　在光线比较暗的情况下进行拍摄，往往会由于曝光控制不当而让拍摄的对象缺乏感染力，在Lightroom中可以通过调整"基本"面板中的曝光，以及设置"色调曲线"面板中的参数来让原本曝光不足的画面变得具有层次感。

步骤 01　在Lightroom中导入一张照片素材，进入"图库"模块，如图7-5所示。

步骤 02　切换至"修改照片"模块，显示高光与阴影剪切，以对照片影调进行准确编辑，如图7-6所示。

图7-5　导入照片素材　　　　　　　　　　图7-6　显示高光与阴影剪切

步骤 03　展开"基本"面板，设置"色温"为16，提高照片的色温，增强画面中的暖色调，效果如图7-7所示。

步骤 04　在"基本"面板中，设置"曝光度"为0.78、"对比度"为5、"高光"为-17、"阴影"为21、"黑色色阶"为26，调整照片的曝光度和局部区域的亮度，效果如图7-8所示。

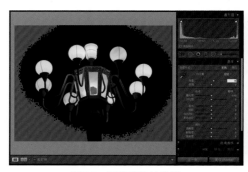
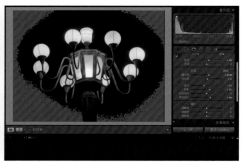

图7-7　提高照片的色温　　　　　　　　　图7-8　调整曝光度和局部区域的亮度

步骤 05 展开"色调曲线"面板，设置"高光"为26、"亮色调"为-3、"暗色调"为26、"阴影"为-8，如图7-9所示。

步骤 06 取消显示高光与阴影剪切，即可看到曲线影调调整后的效果，如图7-10所示。

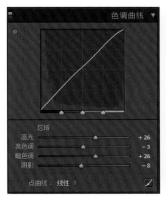

图7-9 设置参数值

图7-10 图像效果

步骤 07 展开"基本"面板，设置"清晰度"为50、"鲜艳度"为-19，提高照片中细节部分的清晰程度，并降低照片的饱和度，让照片中的颜色和细节更加和谐，效果如图7-11所示。

步骤 08 展开"细节"面板，在"锐化"选项区中设置"数量"为116、"半径"为2.0、"细节"为61、"蒙版"为62，让静物的质感更加突出，效果如图7-12所示。

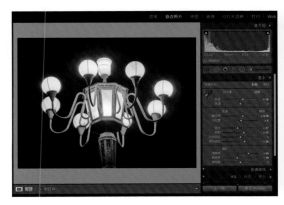

图7-11 让照片中的颜色和细节更加和谐

图7-12 让静物的质感更加突出

最终效果

原图

7.3 制作色彩绚丽的夕阳美景

绚丽的色彩可以增强画面的表现力，使照片呈现出动态的美感，在Lightroom中可以利用"HSL/颜色/黑板"面板，分别调整特定颜色的色相、饱和度和明亮度，使照片的色彩更加丰富，由此打造出色彩绚丽的夕阳美景图，并使用影调和细节调整功能让照片整体更加完美。

步骤 01 在Lightroom中导入一张照片素材，切换至"修改照片"模块，如图7-13所示。

步骤 02 展开"基本"面板，选取白平衡选择器工具，在图像预览窗口中寻找中性色并单击应用，如图7-14所示。

图7-13　导入照片素材

图7-14　应用中性色

步骤 03 展开"HSL/颜色/黑白"面板，在HSL面板的"色相"选项卡中设置相应选项，效果如图7-15所示。

步骤 04 在HSL面板的"饱和度"选项卡中设置相应选项，让照片的颜色更加丰富，效果如图7-16所示。

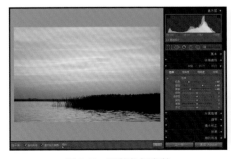
图7-15　调整色相参数

图7-16　调整饱和度参数

步骤 05 在HSL面板的"明亮度"选项卡中设置相应选项,调整特定颜色的明亮度,效果如图7-17所示。

步骤 06 返回"基本"面板,设置"清晰度"为32、"鲜艳度"为29、"饱和度"为35,提高照片的清晰度和饱和度,效果如图7-18所示。

 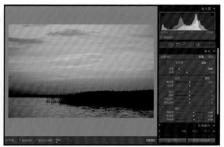

图7-17 调整明亮度参数 图7-18 加强照片色彩效果

步骤 07 展开"色调曲线"面板,在"点曲线"列表框中选择"强对比度"选项,增强画面的层次感,效果如图7-19所示。

步骤 08 展开"细节"面板,在其中设置相应的参数,对照片进行锐化和降噪处理,效果如图7-20所示。

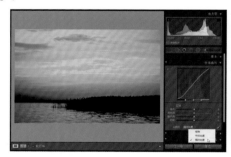 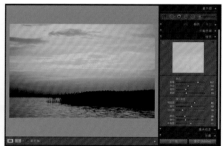

图7-19 选择"强对比度"选项 图7-20 对照片进行锐化和降噪处理

专家指点

　　HSL色彩模式是工业界的一种颜色标准,是通过对色相(Hue)、饱和度(Saturation)和亮度(Luminance)3个颜色通道的变化以及它们相互之间的叠加来得到各式各样的颜色,HSL代表色相、饱和度、明度三个通道的颜色,这个标准几乎包括了人类视力所能感知的所有颜色,是目前运用最广的颜色系统之一。

最终效果

原图

7.4 打造具有感染力的特殊色调

在一些人物照片的处理中，通常会利用黄色调来烘托出温暖惬意的画面效果，让画面的色彩更加具有感染力。在Lightroom中利用"分离色调"面板中的设置可以增强画面中明部和暗部的暖色调，营造出喜悦、欢快和温馨的画面氛围。

步骤 01 在Lightroom中导入一张照片素材，切换至"修改照片"模块，如图7-21所示。

步骤 02 展开"基本"面板，设置"色温"为21、"对比度"为7、"鲜艳度"为-32，效果如图7-22所示。

图7-21 导入照片素材

图7-22 对照片影调进行基础调整

步骤 03 展开"分离色调"面板，在"高光"选项区中设置颜色为淡黄色、"色相"为56、"饱和度"为37，在"阴影"选项区中设置"色相"为259、"饱和度"为90，"平衡"为76，效果如图7-23所示。

步骤 04 展开"色调曲线"面板，设置相应的参数值，效果如图7-24所示。

图7-23 设置分离色调参数

图7-24 设置色调曲线效果

最终效果

原图

7.5 快速改变画面的影调特征

当需要单独调整某一灰度的值时，到底是调整高光、亮调、暗调，还是阴影，有时还真不好判断，有了目标调整工具，就可以直接在想要调整的地方进行调整。本实例通过应用"HSL/颜色/黑白"面板中的目标调整工具，对植物颜色进行调整，将夏季风景转换为美丽的金秋风景。

步骤 01 在Lightroom中导入一张照片素材，切换至"修改照片"模块，如图7-25所示。

步骤 02 展开"HSL/颜色/黑白"面板，切换至"色相"选项卡，选取左上角的目标调整工具，如图7-26所示。

图7-25 导入照片素材

图7-26 选取目标调整工具

步骤 03 运用目标调整工具，在图像上单击并向下拖曳，更改植物颜色，效果如图7-27所示，单击"完成"按钮保存即可。

图7-27 更改植物颜色

最终效果

原图

7.6 精确调整画面的局部曝光

利用"色调曲线"面板中的目标调整工具可以方便、有目的地调整曲线，以精确控制照片局部曝光。

步骤 01 在Lightroom中导入一张照片素材，切换至"修改照片"模块，如图7-28所示。

步骤 02 展开"色调曲线"面板，选取左上角的目标调整工具，如图7-29所示。

 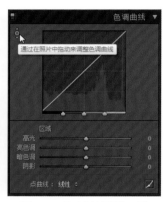

图7-28　导入照片素材　　　　　　　　图7-29　选取目标调整工具

步骤 03 运用目标调整工具，在图像上的天空位置单击并向下拖曳，更改亮色调区域的曝光，"色调曲线"也会同步发生变化，效果如图7-30所示。

 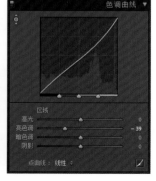

图7-30　更改亮色调区域的曝光

最终效果

原图

7.7 打造清新的LOMO风格照片

LOMO风格图片并没有特殊的定义，调色的时候只需画面带有一种朦胧的灰调，有明显的暗角等即可。

步骤 01　在Lightroom中导入一张照片素材，切换至"修改照片"模块，如图7-31所示。

步骤 02　展开"基本"面板，设置"曝光度"为0.32、"对比度"为12、"清晰度"为21、"鲜艳度"为25、"饱和度"为8，如图7-32所示。

图7-31　导入照片素材

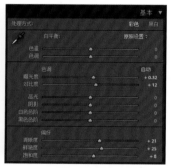

图7-32　设置基本参数

步骤 03　执行上述操作后，即可增强照片的色彩和清晰度，效果如图7-33所示。

步骤 04　展开"色调曲线"面板，设置"高光"为19、"亮色调"为13、"暗色调"为5，如图7-34所示。

图7-33　增强照片的色彩和清晰度

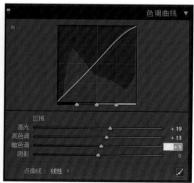

图7-34　设置色调曲线参数

步骤 05 执行上述操作后，即可修改照片的明暗对比，效果如图7-35所示。

步骤 06 展开"分离色调"面板，在"高光"选项区设置"色相"为168、"饱和度"为17，分离高光区域的色调，效果如图7-36所示。

图7-35　修改照片的明暗对比　　　　　　　　　　　　图7-36　设置分离色调参数

步骤 07 在"阴影"选项区设置"色相"为58、"饱和度"为73，修改照片的色调，效果如图7-37所示。

步骤 08 展开"镜头校正"面板，切换至"手动"选项卡，在"镜头暗角"选项区中设置"数量"为-100、"中点"为9，添加镜头暗角，效果如图7-38所示。

图7-37　修改照片的色调　　　　　　　　　　　　　图7-38　添加镜头暗角

第8章　艺术创造: 黑白照片的转换技法

　　在获得彩色照片如此容易的今天，相对来说不那么"真实"的黑白影像依然具有强大的生命力。本章将介绍如何在Lightroom中进行黑白转换，并且通过几个实例增加一些对黑白照片的感性认知。

8.1　无彩色的魅力——黑白

　　黑白照片是以黑白片来表现被摄景物影像的，用黑、灰、白三色的巧妙组合，呈现出厚重、耐看的颗粒感和迷人的光影质感，具有传神的视觉魅力，是表达情感和感染气氛的好方式。在Lightroom中可以通过多种方式将彩色的照片转换为黑白照片，并通过不同的色系对特定区域的明亮度进行调整，帮助用户制作出高水准的黑白影像。

8.1.1　转换为黑白影像的四大技巧

　　在Lightroom中可以通过4种方法将彩色照片转换为黑白照片，它们都具有操作简单、方便的特点，接下来介绍具体的方法。

　　在"网格视图"中的照片上单击鼠标右键，在弹出的快捷菜单中选择"修改照片设置"|"转换为黑白"选项即可，如图8-1所示。

　　选中照片后进入"修改照片"模块，展开"HSL/颜色/黑白"面板，在其中单击"黑白"标签，切换到"黑白"面板，如图8-2所示，即可将当前的照片转换为黑白。

图8-1　选择"转换为黑白"选项　　　　图8-2　单击"黑白"标签

　　在"修改照片"模块的"基本"面板中，在"处理方式"选项后面单击"黑白"按钮，如图8-3所示，即可将当前的照片以黑白的形式进行处理。

　　在"图库"模块中展开"快速修改照片"面板，在其中的"处理方式"后单击三角形按钮，在展开的列表框中选择"黑白"选项即可，如图8-4所示。

图8-3　单击"黑白"按钮　　　　图8-4　选择"黑白"选项

另外，在单击鼠标右键弹出的快捷菜单和"Lightroom预设"中系统都预置了多项黑白预设效果，如图8-5所示。需要注意的是，"普通-灰度"效果和其他的"黑白"转换所产生的效果有些不同，这是因为预置的黑白效果会在转换的过程中分析画面图像，然后选择自动调整曝光，这样常常会导致整个图像的影调发生变化，因此不能保留照片中更多的明亮度信息，使得照片中的信息丢失，导致调整的结果不够理想。因此，用户大部分的时候都不会选择黑白预设效果。

图8-5　通过"Lightroom预设"转换黑白照片

8.1.2　调整不同区域的明亮度

将彩色照片转换为黑白照片以后，可以通过"HSL/颜色/黑白"面板中"黑白"标签下的"黑白混合"选项来调整照片中的特定颜色明暗度，调整"黑白混合"选项区中各颜色的滑块，将对画面黑白影调产生不同的影响，如图8-6所示。

图8-6　调出"黑白混合"选项

在彩色模式下，按【V】键可以将照片切换到黑白模式；在黑白模式下，按【V】键可以返回到彩色模式。

首次单击"黑白"标签后，图像预览窗口中显示的黑白图像为自动调整的效果，此时"HSL/颜色/黑白"面板中"黑白"下的"自动"为使用状况，用户不能选择。为了让黑白照片的层次感更加清晰，可以设置"黑白混合"选项来进一步调整，同时"自动"选项也会被激活，如图8-7所示。

图8-7　设置"黑白混合"选项对黑白效果进行调整

将彩色照片转换为黑白照片以后，可以通过"HSL/颜色/黑白"面板中"黑白"标签下的"黑白混合"选项来调整照片中特定颜色的明暗度，调整"黑白混合"选项区中各颜色的滑块，将对画面黑白影调产生不同的影响，如图8-6所示。

图8-8　设置"黑白混合"选项对黑白效果进行调整

最终效果

原图

8.2 打造超强的黑白视觉效果

很多彩色原片的效果并不出色，但经过后期的转黑白处理却可以使作品"重获新生"，展现出超强的视觉效果。本实例将介绍风光照片转黑白处理过程中的一些技巧，希望能对用户有所启发。

步骤 01 在Lightroom中导入一张照片素材，切换至"修改照片"模块，如图8-9所示。

步骤 02 单击"HSL/颜色/黑白"面板右侧的"黑白"标签，将照片转换为黑白效果，如图8-10所示。

图8-9　导入照片素材　　　　　　　　　　图8-10　将照片转换为黑白效果

步骤 03 展开"基本"面板，设置"曝光度"为0.41、"对比度"为21、"高光"为-45、"阴影"为16、"白色色阶"为-11、"黑色色阶"为7、"清晰度"为73，增强照片的对比度和清晰度，效果如图8-11所示。

图8-11　增强照片的对比度和清晰度

步骤 04 选取工具条上的渐变滤镜工具，在图像的天空上方向下拖曳鼠标，确认渐变区域，如图 8-12 所示。

步骤 05 在"渐变滤镜"选项面板中设置"对比度"为 25、"清晰度"为 -58、"饱和度"为 51，单击"颜色"色块，在弹出的颜色拾取器中选择蓝色，如图 8-13 所示。

图8-12　确认渐变区域　　　　　　　　　图8-13　设置渐变滤镜参数

步骤 06 单击图像显示区域右下角的"完成"按钮，在图像天空区域添加渐变效果，如图 8-14 所示。

步骤 07 展开"色调曲线"面板，设置"高光"为 19、"亮色调"为 20、"暗色调"为 -16、"阴影"为 -27，改变高光和阴影的色调，效果如图 8-15 所示。

图8-14　添加渐变效果　　　　　　　　　图8-15　图像效果

专家指点

　　按【Ctrl＋Shift＋Alt＋G】组合键可以快速启动黑白混合目标调整工具，按【Ctrl＋Shift＋Alt＋N】组合键退出工具。

最终效果

原图

8.3　制作怀旧颗粒照片效果

本实例利用Lightroom实现手绘很难达到的黑白颗粒效果，它另类、特别且充满怀旧感，表现只有粗粒度的黑白照片才有的力度，把照片处理成为主题突出、具有戏剧性效果的作品。

步骤 01　在Lightroom中导入一张照片素材，切换至"修改照片"模块，如图8-16所示。

步骤 02　展开"色调曲线"面板，设置"高光"为-53、"亮色调"为-31、"暗色调"为-16、"阴影"为26，如图8-17所示。

图8-16　导入照片素材

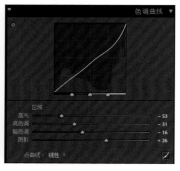

图8-17　设置色调曲线参数

步骤 03　执行上述操作后，即可平衡画面的整体亮度，效果如图8-18所示。

步骤 04　单击"HSL/颜色/黑白"面板右侧的"黑白"按钮，将照片转换为黑白效果，如图8-19所示。

图8-18　平衡画面的整体亮度

图8-19　将照片转换为黑白效果

步骤 05 在"黑白混合"选项区中，设置"红色"为-100、"橙色"为-100、"黄色"为0、"绿色"为-50、"浅绿色"为-13、"蓝色"为-32、"紫色"为-21、"洋红"为-40，如图8-20所示。

步骤 06 执行操作后，即可调整黑白影像的明暗效果，如图8-21所示。

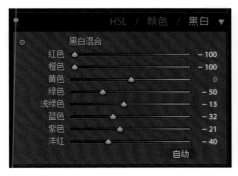

图8-20　设置"黑白混合"选项　　　　　图8-21　调整黑白影像的明暗效果

步骤 07 展开右侧的"效果"面板，在"颗粒"选项区中设置"数量"为66、"大小"为32、"粗糙度"为58，添加颗粒效果，如图8-22所示。

步骤 08 展开"基本"面板，设置"清晰度"为51，更改照片清晰度，效果如图8-23所示。

图8-22　添加颗粒效果　　　　　图8-23　更改照片清晰度

最终效果

原图

8.4 制作高对比度的黑白照片

　　黑与白两者之间相互衬托，会显得尊贵和纯粹。黑白的人像能够表现一种永恒与稳定，给人神秘和高贵的感觉，利用Lightroom中的黑白控制方式，可以将彩色照片转换为黑白的图像效果，并通过"色调曲线"等功能打造出高对比度的黑白画面，使其蕴含丰富的原始味道。

步骤 01　在Lightroom中导入一张照片素材，切换至"修改照片"模块，如图8-24所示。

步骤 02　单击"HSL/颜色/黑白"面板右侧的"黑白"标签，并自动调整"黑白混合"选项组下的颜色值，将图像转换为黑白效果，效果如图8-25所示。

图8-24　导入照片素材

图8-25　将图像转换为黑白效果

步骤 03　为了提高画面的影调，展开"基本"面板，设置"曝光度"为0.33，提高照片的曝光度，让照片整体提亮，效果如图8-26所示。

专家指点

　　在"基本"面板中将"饱和度"调整为-100，可以迅速去除照片的色彩信息，将一张彩色照片转变为黑白照片。

图8-26　提高照片的整体亮度

步骤 04 在"黑白混合"选项区中设置"红色"为-23、"橙色"为2、"黄色"为5、"绿色"为-36、"浅绿色"为-50、"蓝色"为-40、"紫色"为-72、"洋红"为-89，修饰黑白图像的明暗对比，效果如图8-27所示。

步骤 05 展开"色调曲线"面板，在"区域"选项区中设置"高光"为13、"亮色调"为7、"暗色调"为25、"阴影"为-21，效果如图8-28所示。

图8-27 修饰黑白图像明暗对比

图8-28 编辑曲线效果

步骤 06 展开"基本"面板，在"偏好"选项区中设置"清晰度"为39，提高照片细节的清晰程度，凸显出照片中的细节，效果如图8-29所示。

步骤 07 展开"细节"面板，在"锐化"选项区中设置"数量"为29、"半径"为0.8、"细节"为16、"蒙版"为28，提高照片的锐利程度，效果如图8-30所示。

图8-29 提高照片细节的清晰程度

图8-30 提高照片的锐利程度

最终效果

原图

8.5　打造充满怀旧氛围的效果

　　照片的颜色可以更好地烘托意境氛围，在本实例中，通过后期处理，运用"HSL/颜色/黑白"面板的"黑白"转换功能，将彩色照片转换为黑白效果。另外，通过Lightroom"修改照片"模块中的"效果"面板，可以方便地为照片创建出变暗的外部边缘和柔和的灯光效果，完成暗角特效的制作，并使用"分离色调"面板修饰画面，打造泛黄的单色老照片效果。

步骤 01　在Lightroom中导入一张照片素材，切换至"修改照片"模块，如图8-31所示。

步骤 02　展开"色调曲线"面板，设置"高光"为28、"亮色调"为-56，平衡画面的整体亮度，效果如图8-32所示。

图8-31　导入照片素材　　　　　　　　　　　图8-32　平衡画面的整体亮度

步骤 03　单击"HSL/颜色/黑白"面板右侧的"黑白"标签，将照片转换为黑白效果，如图8-33所示。

步骤 04　展开"效果"面板，在"颗粒"选项区中设置"数量"为56，为照片添加颗粒，效果如图8-34所示。

图8-33　将照片转换为黑白效果　　　　　　　　图8-34　增强颗粒效果

步骤 05 在"裁剪后暗角"选项区设置"数量"为-100、"中点"为80、"圆度"为-39、"羽化"为100、"高光"为0，添加暗角效果，如图8-35所示。

步骤 06 展开"基本"面板，设置"清晰度"为21，更改照片清晰度，效果如图8-36所示。

图8-35　添加暗角效果　　　　　　　　　　　　　图8-36　更改照片清晰度

步骤 07 展开"分离色调"面板，在"高光"选项区中设置"色相"为53、"饱和度"为63，效果如图8-37所示。

步骤 08 在"阴影"选项区中设置"色相"为16、"饱和度"为36，为画面添加泛黄的老照片效果，如图8-38所示。

图8-37　分离高光区域的色调　　　　　　　　　　图8-38　分离阴影区域的色调

第9章　实战应用: 照片后期处理综合实训

　　完成数码照片的拍摄之后, 需要对拍摄的照片进行适当的后期处理, 以得到更加理想的画面效果。在对 Lightroom 中的所有功能有一定了解之后, 接下来就可以对照片进行有序的处理, 使普通照片瞬间华丽变身, 呈现出一场精美、绚丽的视觉盛宴。

最终效果

原图

9.1 打造精美的风光大片

风光是摄影师最常拍摄的题材，面对数码相机拍摄出来的原片，总是会发现天空太亮、色彩太淡、缺乏层次、照片不通透等问题。在本实例中，使用Lightroom中的多种调整功能对原始的风光照片进行精细化的处理，对风光照片中最常遇到的问题，使用行之有效的方法进行修正，打造出通透靓丽、层次清晰的风光大片。

步骤 01 在Lightroom中导入一张照片素材，进入"图库"模块，如图9-1所示。

步骤 02 切换至"修改照片"模块，展开"直方图"面板，单击"显示阴影剪切"和"显示高光剪切"按钮，显示出编辑中的剪切提示，以便于更准确地对照片影调进行编辑，如图9-2所示。

图9-1　导入照片素材　　　　　　　　　图9-2　显示出编辑中的剪切提示

步骤 03 展开"基本"面板，设置"对比度"为61、"高光"为-66、"阴影"为-90、"白色色阶"为-27、"黑色色阶"为-32，调整照片色调，效果如图9-3所示。

步骤 04 在"偏好"选项区中设置"清晰度"为23、"鲜艳度"为60，加强照片色彩，效果如图9-4所示。

图9-3　调整照片色调　　　　　　　　　图9-4　加强照片色彩

步骤 05 展开"色调曲线"面板，设置"高光"为-15、"亮色调"为-13、"暗色调"为-23、"阴影"为-11，调整曲线形态，如图9-5所示。

步骤 06 执行操作后，即可修复照片的高光与阴影区域，效果如图9-6所示。

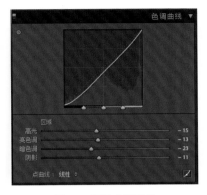

图9-5 调整曲线形态

图9-6 修复照片的高光与阴影

步骤 07 展开"HSL/颜色/黑白"面板，在HSL的"色相"选项卡中，设置"橙色"为15、"黄色"为-30、"绿色"为22、"蓝色"为13、"紫色"为-6，调整照片局部色相，效果如图9-7所示。

步骤 08 在HSL的"饱和度"选项卡中，设置"橙色"为49、"黄色"为21、"绿色"为12、"浅绿色"为22、"蓝色"为33、"紫色"为18、"洋红"为36，调整照片局部颜色的饱和度，效果如图9-8所示。

图9-7 调整照片局部色相

图9-8 调整照片局部色相饱和度

步骤 09 展开"分离色调"面板，在"高光"选项区中，设置"色相"为237、"饱和度"为13，分离照片的高光色调，效果如图9-9所示。

步骤 10 在"阴影"选项区中，设置"色相"为335、"饱和度"为5，分离照片的阴影色调，效果如图9-10所示。

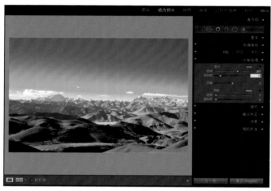

图9-9　分离照片的高光色调

图9-10　分离照片的阴影色调

步骤 11 展开"镜头校正"面板，在"手动"选项卡中，设置"比例"为103、"长宽比"为-19，调整照片的视角，效果如图9-11所示。

步骤 12 在"镜头暗角"选项区中，设置"数量"为-82、"中点"为76，添加暗角效果，如图9-12所示。

图9-11　调整照片的视角

图9-12　添加暗角效果

步骤 13　展开"细节"面板，单击"锐化"后面的三角形按钮，展开放大显示窗口，如图9-13所示。

步骤 14　在"锐化"选项区中，设置"数量"为80、"半径"为1.6、"细节"为39、"蒙版"为36，对照片进行锐化处理，效果如图9-14所示。

图9-13　展开放大显示窗口

图9-14　锐化照片

步骤 15　在"减少杂色"选项区中，设置"明亮度"为56、"细节"为41、"对比度"为44、"颜色"为44、"细节"为50，对照片进行降噪处理，效果如图9-15所示。

步骤 16　对照片进行放大后，可以看到风光中的细节更加清晰，效果如图9-16所示。

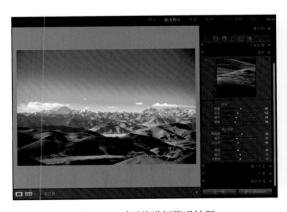

图9-15　对照片进行降噪处理

图9-16　放大照片效果

步骤 17　　选中工具栏中的渐变滤镜工具，使用渐变滤镜工具在图像预览窗口中的照片上单击并向下拖曳，调整渐变的区域与方向，如图9-17所示。

步骤 18　　在"渐变滤镜"的"编辑"选项区中，设置"色温"为-5、"曝光度"为-0.37、"对比度"为29、"高光"为19、"阴影"为-12、"清晰度"为12，如图9-18所示。

图9-17　调整渐变的区域与方向

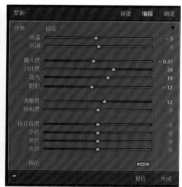

图9-18　设置渐变滤镜参数

步骤 19　　执行操作后，即可看到应用渐变滤镜效果的图像发生了变化，效果如图9-19所示。

步骤 20　　单击"颜色"选项右侧的色块，在弹出的"选择一种颜色"面板中设置H为255、S为100%，如图9-20所示。

图9-19　渐变滤镜效果

图9-20　设置颜色参数

步骤 21　执行操作后，可以看到渐变滤镜区域的颜色发生了变化，效果如图9-21所示。

步骤 22　单击"完成"按钮，退出渐变滤镜的编辑状态，在图像预览窗口可以看到编辑的效果，如图9-22所示。

图9-21　修改渐变滤镜颜色　　　　　　　　　　　　图9-22　图像效果

步骤 23　在Lightroom中单击"文件"|"导出"命令，如图9-23所示。

步骤 24　弹出"导出一个文件"对话框，展开"导出位置"选项区，单击"选择"按钮，如图9-24所示。

图9-23　单击"导出"命令

图9-24　单击"选择"按钮

步骤 25 执行操作后，弹出"选择文件夹"对话框，设置相应的保存位置，单击"选择文件夹"按钮，如图9-25所示。

步骤 26 展开"文件命名"选项区，选中"重命名为"复选框，在右侧的列表框中选择"编辑"选项，如图9-26所示。

图9-25 单击"选择文件夹"按钮

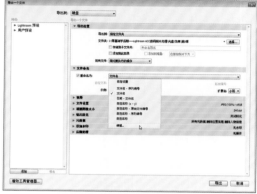

图9-26 选择"编辑"选项

步骤 27 弹出"文件名模板编辑器"对话框，在文本框中输入相应的文件名，单击"完成"按钮，如图9-27所示。

步骤 28 展开"文件设置"选项区，在"图像格式"下拉列表框中选择DNG选项，如图9-28所示，单击"导出"按钮，即可将照片导出为DNG格式的图像文件。

图9-27 输入相应的文件名

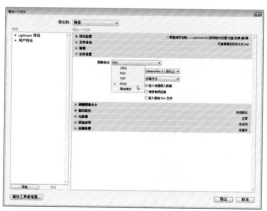

图9-28 选择DNG选项

Lovely CAT

最终效果

原图

9.2　表现宠物灵动的瞬间

对于拍摄宠物照片而言，宠物的眼神是传情达意的关键，本实例中的照片由于曝光效果不佳，而导致画面偏暗，为了展现猫咪的机敏，在后期处理中需要先将画面提亮，增强毛发的细节表现，并提高眼睛和鼻子的颜色鲜艳度，呈现出猫咪可爱、敏锐的神态。

步骤 01　在Lightroom中导入一张照片素材，切换至"修改照片"模块，如图9-29所示。

步骤 02　展开"基本"面板，在其中单击白平衡选择器工具，如图9-30所示。

图9-29　导入照片素材

图9-30　单击白平衡选择器工具

步骤 03　在图像预览窗口中的猫咪毛发上单击，选择最佳的取样点对照片的白平衡进行调整，如图9-31所示。

步骤 04　执行操作后，在图像预览窗口中可以看到照片的颜色变化，效果如图9-32所示。

图9-31　选择取样点

图9-32　图像效果

步骤 05 展开"基本"面板，设置"曝光度"为0.85、"对比度"为19、"高光"为35、"阴影"为-19、"白色色阶"为19，调亮照片，效果如图9-33所示。

步骤 06 在"偏好"选项区中设置"清晰度"为10、"鲜艳度"为53，加强照片色彩，效果如图9-34所示。

图9-33　调亮照片

图9-34　加强照片色彩

步骤 07 选择工具栏中的渐变滤镜工具，在图像预览窗口中拖曳鼠标，为照片右下角的图像应用渐变滤镜效果，如图9-35所示。

步骤 08 在"渐变滤镜"的"编辑"选项区中，设置"曝光度"为1.18、"对比度"为57、"阴影"为78、"清晰度"为40、"锐化程度"为15、"杂色"为35，如图9-36所示。

图9-35　设置渐变滤镜区域

图9-36　设置渐变滤镜参数

步骤 09 单击"完成"按钮，应用渐变滤镜效果，如图9-37所示。

步骤 10 展开"镜头校正"面板，在"手动"选项卡的"镜头暗角"选项区中，设置"数量"为27、"中点"为30，可以看到照片中画面的四周变亮，效果如图9-38所示。

图9-37　应用渐变滤镜效果　　　　　　　　　　　图9-38　图像效果

步骤 11 在图像预览窗口上单击鼠标右键，在弹出的快捷菜单中选择"在应用程序中编辑"|"在Adobe Photoshop CC中编辑"选项，如图9-39所示。

步骤 12 执行操作后，弹出"使用Adobe Photoshop CC编辑照片"对话框，选中"编辑含Lightroom调整的副本"单选按钮，如图9-40所示。

图9-39　选择"在Adobe Photoshop CC中编辑"选项　　　图9-40　选中"编辑含Lightroom调整的副本"单选按钮

步骤 13 单击"编辑"按钮，在Photoshop CC中打开照片，如图9-41所示。

步骤 14 在"图层"面板中选择"背景"图层，单击"图层"|"新建"|"通过拷贝的图层"命令，如图9-42所示。

图9-41　在Photoshop CC中打开照片

图9-42　单击"通过拷贝的图层"命令

步骤 15 执行操作后，即可对图像进行复制，得到"图层1"图层，如图9-43所示

步骤 16 在菜单栏中，单击"图层"|"新建调整图层"|"色阶"命令，如图9-44所示。

图9-43　复制图层

图9-44　单击"色阶"命令

步骤 17 执行操作后，弹出"新建图层"对话框，保持默认设置，单击"确定"按钮，如图9-45所示。

步骤 18 在打开的"属性"面板中设置RGB参数值分别为8、1.03、255，效果如图9-46所示。

图9-45 单击"确定"按钮 图9-46 调整色阶参数

步骤 19 将该调整图层填充为黑色，选择工具箱中的画笔工具，设置前景色为白色，在图像窗口中涂抹，对色阶调整图层的蒙版进行编辑，效果如图9-47所示。

步骤 20 选取工具箱中的套索工具，将照片中猫咪的眼睛、鼻子和耳朵位置的图像创建为选区，如图9-48所示。

图9-47 编辑色阶调整图层的蒙版 图9-48 创建选区

专家指点

套索工具可以在图像编辑窗口中创建任意形状的选区，多边形套索工具可以创建直边的选区，磁性套索工具适合于选择背景较复杂、选区与背景有较高对比度的图像。

步骤 21 在菜单栏中，单击"选择"|"修改"|"羽化"命令，如图9-49所示。

步骤 22 弹出"羽化选区"对话框，设置"羽化半径"为10像素，单击"确定"按钮，如图9-50所示。

图9-49 单击"羽化"命令   图9-50 设置"羽化半径"

步骤 23 执行操作后，即可羽化选区，效果如图9-51所示。

步骤 24 为创建的选区创建自然饱和度调整图层，在打开的"属性"面板中设置"自然饱和度"为100，可以看到选区位置的图像颜色变浓，显得更加鲜艳，效果如图9-52所示。

图9-51 羽化选区   图9-52 图像效果

步骤 25 创建"色彩平衡1"调整图层，设置"高光"选项下的色阶值分别为-1、3、10，效果如图9-53所示。

步骤 26 切换至"阴影"选项区，设置色阶值分别为4、3、18，效果如图9-54所示。

图9-53　设置"高光"色阶效果

图9-54　设置"阴影"色阶效果

步骤 27 切换至"中间调"选项区，设置色阶值分别为9、1、14，效果如图9-55所示。

步骤 28 为了让照片中的特定颜色显示更加细致，需要使用可选颜色进行编辑，创建"可选颜色1"调整图层，设置"颜色"为"红色"，设置该选项下的色阶值分别为-24、-43、-41、-85，针对红色进行调整，效果如图9-56所示。

图9-55　设置"中间调"色阶效果

图9-56　针对红色进行调整

步骤 29 按【Ctrl + Shift + Alt + E】组合键，盖印可见图层，得到"图层2"图层，如图9-57所示。

步骤 30 单击"滤镜"|"锐化"|"USM 锐化"命令，弹出"USM 锐化"对话框，设置"数量"为66%、"半径"为2.2像素、"阈值"为16色阶，如图9-58所示。

 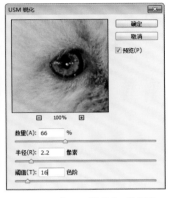

图9-57 盖印可见图层　　　　　　　图9-58 "USM 锐化"对话框

步骤 31 单击"确定"按钮，应用 USM 锐化滤镜，效果如图9-59所示。

步骤 32 单击"滤镜"|"杂色"|"减少杂色"命令，弹出"减少杂色"对话框，设置"强度"为3、"保留细节"为40%、"减少杂色"为41%、"锐化细节"为66%，并选中"移去JPEG不自然感"复选框，如图9-60所示。

图9-59 应用USM锐化滤镜　　　　　　图9-60 "减少杂色"对话框

步骤 33　单击"确定"按钮，应用减少杂色滤镜，对照片进行降噪处理，效果如图9-61所示。

步骤 34　创建"照片滤镜1"调整图层，展开"属性"面板，单击"颜色"选项后的色块，在弹出的"拾色器（照片滤镜颜色）"对话框中设置RGB参数值分别为101、70、89，如图9-62所示。

图9-61　对照片进行降噪处理

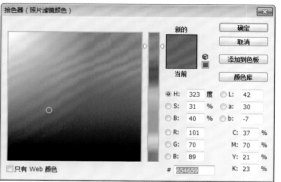

图9-62　"拾色器（照片滤镜颜色）"对话框

步骤 35　单击"确定"按钮，在"照片滤镜1"调整图层的"属性"面板中设置"浓度"为40%，在图像窗口中可以看到照片中的颜色发生了变化，效果如图9-63所示。

步骤 36　选择工具箱中的横排文字工具，输入相应文字，展开"字符"面板，设置"字体系列"为Arial、"颜色"为黄色（RGB参数值分别为251、242、141），单击"仿粗体"按钮，效果如图9-64所示。

图9-63　使用照片滤镜调整图层

图9-64　输入相应文字

　　照片滤镜可以模拟相机镜头上安装彩色滤镜后的拍摄效果，它可以消除偏色或对照片应用指定的色调，使画面得到所需的色调效果。

步骤 37　选取工具箱中的自定形状工具，选择"像素"模式进行绘制，在工具属性栏中设置"形状"为"装饰5"，如图9-65所示。

步骤 38　设置前景色为黄色（RGB参数值分别为251、242、141），新建"图层3"图层，在图像编辑窗口中绘制相应形状，效果如图9-66所示。

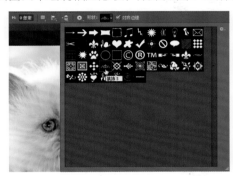

　　图9-65　设置"形状"选项　　　　　　　　　图9-66　绘制相应形状

步骤 39　单击"编辑"|"变换"|"旋转90度（逆时针）"命令，旋转图像，并适当调整其位置，效果如图9-67所示。

步骤 40　复制"图层3"图层，得到"图层3拷贝"图层，并调整图像的角度和位置，效果如图9-68所示。

　　图9-67　调整图像角度与位置　　　　　　　图9-68　复制并调整图像

最终效果

原图

9.3 五彩灯光下的迷离夜景

一张拍摄成功的夜景照片通常具有主题鲜明、光源繁多等特点，想要获得一张完美的夜景照片，在拍摄中除了需要掌握拍摄必要的曝光知识和拍摄技巧外，恰当的后期处理也是必不可少的，在后期中用Lightroom进行修饰，可以改善夜景画面中的不足之处，呈现出别样的魅力。

步骤01 在Lightroom中导入一张照片素材，切换至"修改照片"模块，如图9-69所示。

步骤02 展开"基本"面板，设置"色温"为-18、"色调"为-5，调整照片白平衡，效果如图9-70所示。

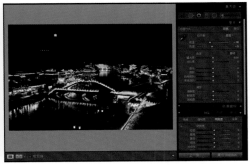

图9-69　导入照片素材　　　　　　　　　　图9-70　调整照片白平衡

步骤03 设置"曝光度"为0.25、"对比度"为11、"高光"为5、"阴影"为-11、"白色色阶"为16、"黑色色阶"为21，调整照片影调，效果如图9-71所示。

步骤04 在"偏好"选项区中设置"清晰度"为23、"鲜艳度"为60，加强照片色彩，效果如图9-72所示。

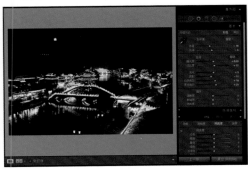

图9-71　调整照片影调　　　　　　　　　　图9-72　加强照片色彩

步骤 05 对夜景照片进行细致的修正，展开"色调曲线"面板，设置"高光"为-13、"亮色调"为11、"暗色调"为-2、"阴影"为-9，调整曲线形态，效果如图9-73所示。

步骤 06 展开"HSL/颜色/黑白"面板，在HSL的"色相"选项卡中，设置"红色"为-52、"橙色"为-11、"黄色"为-12、"蓝色"为53、"紫色"为18，调整照片局部色相，效果如图9-74所示。

图9-73　调整曲线形态效果　　　　　　　　　　　图9-74　调整照片局部色相

步骤 07 在HSL的"饱和度"选项卡中，设置"红色"为16、"橙色"为28、"黄色"为18、"蓝色"为100、"紫色"为100、"洋红"为100，调整照片局部颜色的饱和度，效果如图9-75所示。

步骤 08 在HSL的"明亮度"选项卡中，设置"红色"为-26、"橙色"为-15、"黄色"为-5，调整照片局部颜色的明亮度，效果如图9-76所示。

图9-75　调整照片局部饱和度　　　　　　　　　　图9-76　调整照片局部明亮度

步骤 09 展开"分离色调"面板，在"高光"选项区中设置"色相"为125、"饱和度"为16，分离高光区域的色调，效果如图9-77所示。

步骤 10 在"阴影"选项区中设置"色相"为27、"饱和度"为5，分离阴影区域的色调，效果如图9-78所示。

图9-77 分离高光区域的色调

图9-78 分离阴影区域的色调

步骤 11 展开"细节"面板，单击"锐化"后面的三角形按钮，展开放大显示窗口，如图9-79所示。

步骤 12 在"锐化"选项区中，设置"数量"为80、"半径"为1.6、"细节"为39、"蒙版"为36，对照片进行锐化处理，效果如图9-80所示。

图9-79 展开放大显示窗口

图9-80 锐化照片

步骤 13 在"减少杂色"选项区中，设置"明亮度"为17、"细节"为50、"对比度"为19、"颜色"为18、"细节"为50，对照片进行降噪处理，效果如图9-81所示。

步骤 14 对照片进行放大后，可以看到夜景中的细节更加清晰，效果如图9-82所示。

图9-81　对照片进行降噪

图9-82　放大照片效果

步骤 15 选取工具栏中的调整画笔工具，在"画笔"选项区中设置"大小"为15、"羽化"为100、"流畅度"为100，如图9-83所示。

步骤 16 选中图像预览窗口下方的"显示选定的蒙版叠加"复选框，在图像左上角区域涂抹，显示出蒙版区域，如图9-84所示。

图9-83　设置调整画笔工具属性

图9-84　显示出蒙版区域

步骤 17 取消选中"显示选定的蒙版叠加"复选框，设置"曝光度"为3.37，完成设置后可以看到应用调整画笔编辑后，图像区域发生了变化，效果如图9-85所示，单击"完成"按钮保存设置。

步骤 18 切换至"幻灯片放映"模块，展开"模板浏览器"面板，选择"Lightroom模板"|"Exif元数据"选项，将其作为幻灯片放映模板，如图9-86所示。

图9-85 应用调整画笔编辑的效果　　　　　　　　　图9-86 设置幻灯片放映模板

步骤 19 展开右侧的"选项"面板，选中"缩放以填充整个框"复选框和"绘制边框"复选框，设置边框颜色为黄色、"宽度"为10像素，如图9-87所示

步骤 20 执行操作后，为幻灯片添加边框效果，如图9-88所示。

图9-87 设置参数

图9-88 添加边框效果

步骤 21 展开"布局"面板，设置"长宽比预览"为"屏幕"，效果如图9-89所示。

步骤 22 展开"叠加"面板，设置"身份标识"为"五彩灯光下的迷离夜景"、颜色为白色、"比例"为20%，效果如图9-90所示。

图9-89 屏幕预览效果

图9-90 添加身份标识

步骤 23 展开"背景"面板，选中"渐变色"复选框，并设置相应的"背景色"选项，如图9-91所示。

步骤 24 执行操作后，即可设置幻灯片的背景色，效果如图9-92所示。

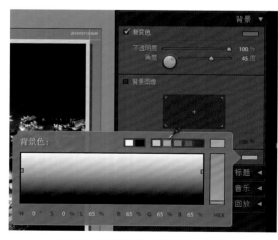

图9-91 设置相应的"背景色"选项

图9-92 设置背景色效果

步骤 25 单击左下角的"导出为PDF"按钮，如图9-93所示。

步骤 26 执行操作后，弹出"将幻灯片放映导出为PDF格式"对话框，设置相应的保存位置和文件名，并设置"品质"为100，如图9-94所示。

图9-93　单击"导出为PDF"按钮　　　　图9-94　"将幻灯片放映导出为PDF格式"对话框

步骤 27 单击"保存"按钮，Lightroom将自动对照片进行导出操作，在导出的过程中，Lightroom软件的左上角将显示导出文件的进度，如图9-95所示。

步骤 28 完成导出后，打开文件存储的路径，在其中可以看到导出的文件以PDF的格式存储，双击该PDF文件即可打开，效果如图9-96所示。

图9-95　显示导出文件的进度　　　　　　图9-96　打开PDF文件

最终效果

原图

9.4 用黄绿色展现花田美景

本例中的照片以大面积花海中的一束向日葵作为拍摄对象，以特写仰拍的方式表现花卉的姿态，给人一种傲然于风中的感觉。在后期处理中为了赋予画面艺术感，将画面调整为黄绿色，并通过Photoshop的合成功能为花卉添加背景图像，让照片整体更加完整，再经过润饰，让画面变得更加完美。

步骤01 在Lightroom中导入一张照片素材，切换至"修改照片"模块，如图9-97所示。

步骤02 展开"基本"面板，设置"色温"为60、"色调"为-50，调整照片白平衡，效果如图9-98所示。

图9-97　导入照片素材

图9-98　调整照片白平衡

步骤03 单击"色调"选项后面的"自动"按钮，自动调整图像色调，效果如图9-99所示。

步骤04 在"偏好"选项区中设置"清晰度"为25、"鲜艳度"为18，加强照片色彩，效果如图9-100所示。

图9-99　自动调整照片影调

图9-100　加强照片色彩

步骤 05 展开"色调曲线"面板，设置"高光"为60、"亮色调"为40、"暗色调"为-19，调整曲线形态，效果如图9-101所示。

步骤 06 展开"HSL/颜色/黑白"面板，在HSL的"色相"选项卡中，设置"红色"为-9、"橙色"为23、"绿色"为6、"浅绿色"为-6、"蓝色"为40，调整照片局部色相，效果如图9-102所示。

图9-101 调整曲线形态效果

图9-102 调整照片局部色相

步骤 07 在HSL的"饱和度"选项卡中，设置"红色"为15、"橙色"为23、"黄色"为11、"绿色"为-50、"浅绿色"为-100、"蓝色"为-100，调整照片局部颜色的饱和度，效果如图9-103所示。

步骤 08 在HSL的"明亮度"选项卡中，设置"红色"为16、"橙色"为-18、"黄色"为16、"绿色"为29、"浅绿色"为100、"蓝色"为100，调整照片局部颜色的明亮度，效果如图9-104所示。

图9-103 调整照片局部饱和度

图9-104 调整照片局部明亮度

步骤 09 展开"分离色调"面板，在"高光"选项区中设置"色相"为78、"饱和度"为58，分离高光区域的色调，效果如图9-105所示。

步骤 10 在"阴影"选项区中设置"色相"为27、"饱和度"为5，分离阴影区域的色调，效果如图9-106所示。

图9-105 分离高光区域的色调

图9-106 分离阴影区域的色调

步骤 11 展开"细节"面板，单击"锐化"后面的三角形按钮，展开放大显示窗口展，如图9-107所示。

步骤 12 在"锐化"选项区中，设置"数量"为36、"半径"为1.0、"细节"为25、"蒙版"为0，对照片进行锐化处理，效果如图9-108所示。

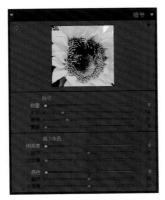

图9-107 展开放大显示窗口

图9-108 锐化照片

步骤 13 在"减少杂色"选项区中，设置"明亮度"为13、"细节"为50、"对比度"为12、"颜色"为25、"细节"为50，对照片进行降噪处理，效果如图9-109所示。

步骤 14 对照片进行放大后，可以看到照片中的细节更加清晰，效果如图9-110所示。

图9-109 对照片进行降噪处理

图9-110 放大照片效果

步骤 15 选取工具栏中的调整画笔工具，在"画笔"选项区中设置"大小"为10、"羽化"为100、"流畅度"为100，并选中"自动蒙版"复选框，如图9-111所示。

步骤 16 选中图像预览窗口下方的"显示选定的蒙版叠加"复选框，在图像中的相应区域涂抹，显示出蒙版区域，如图9-112所示。

图9-111 设置调整画笔工具属性

图9-112 显示出蒙版区域

步骤 17　取消选中"显示选定的蒙版叠加"复选框，设置"曝光度"为1.52，完成设置后可以看到应用调整画笔编辑后的图像区域发生了变化，效果如图9-113所示。

步骤 18　单击"完成"按钮保存设置，效果如图9-114所示。

图9-113　应用调整画笔编辑的效果

图9-114　设置幻灯片放映模板

步骤 19　在图像预览窗口上单击鼠标右键，在弹出的快捷菜单中选择"在应用程序中编辑"|"在Adobe Photoshop CC中编辑"选项，如图9-115所示。

步骤 20　执行操作后，弹出"使用Adobe Photoshop CC编辑照片"对话框，选中"编辑含Lightroom调整的副本"单选按钮，如图9-116所示。

图9-115　选择"在Adobe Photoshop CC中编辑"选项

图9-116　选中"编辑含Lightroom调整的副本"单选按钮

步骤 21 单击"编辑"按钮，在Photoshop CC中打开照片，如图9-117所示。

步骤 22 选取工具箱中的魔棒工具，设置"容差"为32，在图像中的白色区域单击，创建选区，如图9-118所示。

图9-117　在Photoshop CC中打开照片

图9-118　创建选区

步骤 23 在工具属性栏中单击"添加到选区"按钮 ▣，在图像编辑窗口中添加选区区域，如图9-119所示。

步骤 24 单击"选择"|"反向"命令，反选选区，效果如图9-120所示。

图9-119　添加选区区域

图9-120　反选选区

专家指点

魔棒工具 ✦ 是建立选区的工具之一，其作用是在一定的容差值范围内，将颜色相同的区域同时选中，建立选区。

步骤 25 按【Ctrl + J】组合键，拷贝选区内的图像，并隐藏"背景"图层，效果如图9-121所示。

步骤 26 在Photoshop CC中单击"文件"｜"打开"命令，打开一幅素材图像，如图9-122所示。

图9-121　扣取花卉图像

图9-122　打开素材图像

步骤 27 选取工具箱中的移动工具，将花卉图像拖曳至花田图像编辑窗口中的合适位置处，效果如图9-123所示。

步骤 28 按【Ctrl + Shift + Alt + E】组合键，盖印可见图层，得到"图层2"图层，如图9-124所示。

图9-123　合成图像效果

图9-124　盖印可见图层

步骤 29 单击"滤镜"｜"杂色"｜"减少杂色"命令，弹出"减少杂色"对话框，设置"强度"为3、"保留细节"为40%、"减少杂色"为41%、"锐化细节"为66%，并选中"移去JPEG不自然感"复选框，如图9-125所示。

步骤 30 单击"确定"按钮，应用减少杂色滤镜，对照片进行降噪处理，效果如图9-126所示。

图9-125 "减少杂色"对话框

图9-126 对照片进行降噪处理

步骤 31 在按住【Ctrl】键的同时，单击"图层1"图层的缩略图，将其载入选区，如图9-127所示。

步骤 32 选择"图层2"图层，单击底部的"添加图层蒙版"按钮，为其添加图层蒙版，效果如图9-128所示。

图9-127 载入选区

图9-128 添加图层蒙版

步骤 33 创建"色相/饱和度1"调整图层，展开"属性"面板，选择"黄色"选项，设置"色相"为-1、"饱和度"为10、"明度"为9，如图9-129所示。

步骤 34 执行操作后，在图像编辑窗口可以看到编辑后的效果，如图9-130所示。

图9-129　设置参数

图9-130　图像效果

步骤 35　创建"纯色1"调整图层，设置填充色为黑色，并将颜色填充图层的蒙版填充为黑色，如图9-131所示。

步骤 36　设置前景色为白色，选取工具箱中的画笔工具，在该工具属性栏中设置"不透明度"为5%，选择"柔边圆"画笔样式进行编辑，在画面天空和画面下方的位置涂抹，对颜色填充图层的蒙版进行编辑，在图像编辑窗口可以看到编辑后的效果，如图9-132所示。

图9-131　创建"纯色1"调整图层

图9-132　图像效果

专家指点

　　使用"色相/饱和度"调整图层可以精确调整整幅图像，或单个颜色成分的色相、饱和度和明度。此命令也可以用于CMYK颜色模式的图像中，有利于使颜色值处于输出设备的范围中。

最终效果

原图

9.5 黑白处理展现独特影像效果

黑白照片可以营造一种怀旧、回忆或客观的气氛，在复古艺术创作和新闻摄影中较为常见。当照片中的颜色非常多，导致照片看上去又脏又乱时，将照片进行黑白处理可以弱化很多颜色的对比，让画面富有质感，彰显出高品质的影像。

步骤 01 在Lightroom中导入一张照片素材，切换至"修改照片"模块，如图9-133所示。

步骤 02 展开"基本"面板，在"处理方式"选项区中单击"黑白"按钮，将照片转换为灰度模式，效果如图9-134所示。

图9-133　导入照片素材　　　　　　　　　　图9-134　将照片转换为灰度模式

步骤 03 为了让黑白照片更有层次感，还需要对其进行进一步的处理，在"基本"面板中设置"曝光度"为0.78、"对比度"为33、"高光"为50、"阴影"为-21，调整照片的影调，效果如图9-135所示。

步骤 04 在"偏好"选项区中设置"清晰度"为17，加强照片细节的清晰度，效果如图9-136所示。

图9-135　调整照片的影调　　　　　　　　　图9-136　加强照片细节的清晰度

步骤 05 展开"色调曲线"面板，设置"高光"为-10、"亮色调"为-16，调整曲线形态，可以看到照片中阴影部分的细节显示更加丰富，效果如图9-137所示。

步骤 06 展开"HSL/颜色/黑白"面板，在其中的"黑白混合"选项区中设置"红色"为45、"橙色"为-23、"黄色"为-18、"绿色"为-52、"浅绿色"为-55、"蓝色"为-70、"紫色"为82、"洋红"为62，效果如图9-138所示。

图9-137　调整曲线形态

图9-138　设置黑白混合参数

步骤 07 展开"细节"面板，在"锐化"选项区中设置"数量"为106、"半径"为1.6、"细节"为43、"蒙版"为71，对照片进行锐化处理，效果如图9-139所示。

步骤 08 在"减少杂色"选项区中，设置"明亮度"为78、"细节"为67、"对比度"为61、"颜色"为64、"细节"为62，对照片进行降噪处理，效果如图9-140所示。

图9-139　对照片进行锐化处理

图9-140　对照片进行降噪处理

步骤 09 对照片进行放大后，可以看到画面中的细节更加清晰和干净，效果如图9-141所示。

步骤 10 为了让黑白照片中的主体更加突出，还需要为照片添加晕影效果。展开"效果"面板，在其中的"裁剪后暗角"选项区中，设置"数量"为-50、"中点"为61、"圆度"为-26，效果如图9-142所示。

图9-141 查看照片细节

图9-142 添加晕影效果

步骤 11 选择工具栏中的渐变滤镜工具，在图像预览窗口中拖曳，为照片上方的图像应用渐变滤镜效果，如图9-143所示。

步骤 12 在"渐变滤镜"的"编辑"选项区中，设置"曝光度"为-1.70、"对比度"为12、"高光"为-22、"阴影"为-9、"清晰度"为8、"锐化程度"为15，如图9-144所示。

图9-143 设置渐变滤镜区域

图9-144 设置渐变滤镜参数

步骤 13 单击"完成"按钮，应用渐变滤镜效果，如图9-145所示。

步骤 14 选取工具箱中的裁剪叠加工具，设置"角度"为1.61，如图9-146所示。

图9-145　添加晕影效果

图9-146　添加晕影效果

步骤 15 单击"完成"按钮，纠正倾斜的照片，效果如图9-147所示。

步骤 16 切换至"打印"模块，如图9-148所示。

图9-147　纠正倾斜的照片

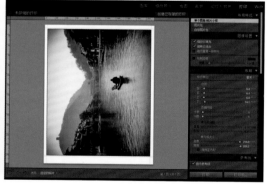

图9-148　切换至"打印"模块

专家指点

　　单击"基本"面板下方的"黑白"按钮，可以将图像转换为黑白效果；单击"彩色"按钮，可以将黑白图像恢复为彩色效果。

步骤 17　展开左侧的"模板浏览器"面板，展开"Lightroom模板"选项组，在其中选择"（2）7×5（居中）"选项，为照片使用预设的模板进行打印输出，如图9-149所示。

步骤 18　展开"图像设置"面板，在其中选中"照片边框"复选框，设置"宽度"为13.8磅，并设置"内侧描边"选项的颜色为白色、"宽度"为10.2磅，效果如图9-150所示。

图9-149　使用预设的模板　　　　　　　　　　　　　　图9-150　添加边框

步骤 19　展开"标尺、网格和参考线"面板，取消选中"显示参考线"复选框，效果如图9-151所示。

步骤 20　展开"页面"面板，选中"页面背景色"复选框，设置其颜色为黑色，效果如图9-152所示。

图9-151　取消选中"显示参考线"复选框　　　　　　图9-152　设置页面背景色

步骤 21 选中"身份标识"复选框，在其中设置身份标识的文本，设置颜色为白色，单击"确定"按钮，如图9-153所示。

步骤 22 在"身份标识"选项区中设置"比例"为30%，调整其位置，使其显示在页面的右下角，效果如图9-154所示。

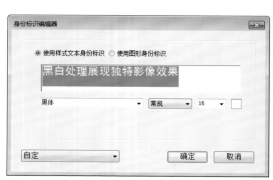

图9-153 设置身份标识的文本

图9-154 添加身份标识

步骤 23 展开"打印作业"面板，选中"打印分辨率"复选框，并设置"打印分辨率"为240ppi，选中"打印锐化"复选框，选中"标准"模式进行打印，再对其他选项进行设置，如图9-155所示。

步骤 24 单击"打印机"按钮，弹出"打印"对话框，在其中可以设置对打印机的相关选项，控制打印份数等，单击"确定"按钮即可打印照片，如图9-156所示。

图9-155 设置打印作业

图9-156 "打印"对话框

原图

甜美清新的人像写真

最终效果

9.6 甜美清新的人像写真

人像摄影是摄影中一个重要的主题，拍摄后的人像照片结合后期处理，能够让画面中的人物更加完美。本实例在后期中使用淡雅的色彩、细腻的光影，展现出充满浪漫和梦幻色彩的画面氛围，传递给观赏者温暖、柔美的感受。

步骤 01 在Lightroom中导入一张照片素材，切换至"修改照片"模块，如图9-157所示。

步骤 02 展开"基本"面板，设置"色温"为"自动"，恢复照片白平衡，效果如图9-158所示。

图9-157　导入照片素材

图9-158　调整照片白平衡

步骤 03 设置"高光"为10、"阴影"为-19、"白色色阶"为10、"黑色色阶"为-23，调整照片的影调，效果如图9-159所示。

步骤 04 在"偏好"选项区中设置"清晰度"为8、"鲜艳度"为16，加强照片色彩，效果如图9-160所示。

图9-159　调整照片影调

图9-160　加强照片色彩

步骤 05 展开"色调曲线"面板，设置"高光"为-3、"亮色调"为3、"暗色调"为8、"阴影"为-8，调整曲线形态，效果如图9-161所示。

步骤 06 展开"HSL/颜色/黑白"面板，在HSL的"色相"选项卡中，设置"红色"为-18、"橙色"为2、"黄色"为-22、"紫色"为-9、"洋红"为11，调整照片局部色相，效果如图9-162所示。

图9-161　调整曲线形态效果　　　　　　　　　　图9-162　调整照片局部色相

步骤 07 在HSL的"饱和度"选项卡中，设置"红色"为6、"黄色"为12、"绿色"为12，调整照片局部颜色的饱和度，效果如图9-163所示。

步骤 08 在HSL的"明亮度"选项卡中，设置"红色"为16、"橙色"为-18、"黄色"为16、"绿色"为29、"浅绿色"为100、"蓝色"为100，调整照片局部颜色的明亮度，效果如图9-164所示。

图9-163　调整照片局部饱和度　　　　　　　　　图9-164　调整照片局部明亮度

步骤 09 展开"分离色调"面板，在"高光"选项区中设置"色相"为99、"饱和度"为5，分离高光区域的色调，效果如图9-165所示。

步骤 10 在"阴影"选项区中设置"色相"为353、"饱和度"为2，分离阴影区域的色调，效果如图9-166所示。

图9-165　分离高光区域的色调

图9-166　分离阴影区域的色调

步骤 11 展开"细节"面板，单击"锐化"后面的三角形按钮，展开放大显示窗口，如图9-167所示。

步骤 12 在"锐化"选项区中，设置"数量"为12、"半径"为1.3、"细节"为25、"蒙版"为56，对照片进行锐化处理，效果如图9-168所示。

图9-167　展开放大显示窗口

图9-168　锐化照片

步骤 13 在"减少杂色"选项区中，设置"明亮度"为20、"细节"为18、"对比度"为0、"颜色"为20、"细节"为50，对照片进行降噪处理，效果如图9-169所示。

步骤 14 对照片进行放大后，可以看到人物照片中的细节更加清晰，效果如图9-170所示。

图9-169　对照片进行降噪处理

图9-170　放大照片效果

步骤 15 为了让照片呈现出高调的照片效果，还需要将照片四周的影调调亮。展开"镜头校正"面板，在"手动"选项卡的"镜头暗角"选项区中，设置"数量"为100、"中点"为59，如图9-171所示。

步骤 16 执行操作后，可以看到照片中画面的四周变亮，效果如图9-172所示。

图9-171　设置参数

图9-172　图像效果

步骤 17 单击"文件"|"导出"命令，弹出"导出一个文件"对话框，如图9-173所示。

步骤 18 展开"添加水印"选项区，选中"水印"复选框，在其后的列表框中选择"编辑水印"选项，如图9-174所示。

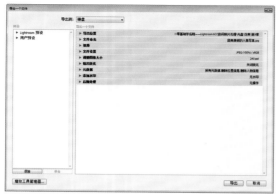

图9-173 "导出一个文件"对话框

图9-174 选择"编辑水印"选项

步骤 19 执行上述操作后，弹出"水印编辑器"对话框，在"水印样式"选项区中选中"文本"单选按钮，如图9-175所示。

步骤 20 在图像预览区域下方输入"甜美清新的人像写真"，并设置"字体"为"微软雅黑"、"样式"为"粗体"，如图9-176所示。

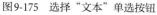

图9-175 选择"文本"单选按钮

图9-176 输入文本

　　水印是许多人需要的，无论是出于保护照片、广告或者其他目的。在Lightroom中，用户可以非常简单地给照片添加水印。使用"水印编辑"对话框，还能够设计自己的水印效果，将这些水印效果存储为预设，应用到需要的导出照片上

步骤 21　选中"阴影"复选框，设置"不透明度"为86、"位移"为15、"半径"为22、"角度"为50，为水印添加阴影效果，如图9-177所示。

步骤 22　展开"水印效果"选项区，设置"不透明度"为80、"比例"为25、"垂直"为2，如图9-22所示。

图9-177　为水印添加阴影效果

图9-178　设置"水印效果"选项

步骤 23　在"定位"选项区中，设置相应的定位选项，如图9-179所示。

图9-179　设置相应的定位选项

图9-180　"新建预设"对话框

步骤 24　单击"存储"按钮，弹出"新建预设"对话框，设置"预设名称"为"人像1"，如图 9-180所示。

步骤 25　单击"创建"按钮，返回"导出一个文件"对话框，在"水印"列表框中可以看到新建的"人像1"预设文件，如图 9-181 所示。

步骤 26　单击"导出"按钮，即可为输出照片添加水印，效果如图 9-182 所示。

图9-181　新建"人像1"

图9-182　为输出照片添加水印

专家指点

借助导出预设，可以加快导出供常规用途使用的照片的速度。例如，可以使用Lightroom预设导出适用于以电子邮件形式发送给客户或好友的JPEG文件。

Lightroom提供了下列内置导出预设。

刻录全尺寸：将照片导出为被转换且标记为sRGB的JPEG，具有最高品质、无缩放且分辨率为每英寸240像素的特点。在默认情况下，该预设将导出的文件存储到在"导出"对话框顶部指定的"CD/DVD上的文件"目标位置（位于Lightroom Burned Exports 子文件夹中）。

导出为DNG：以DNG文件格式导出照片。在默认情况下，该预设没有指定任何后期处理动作，因此用户可以在单击"导出"按钮之后选择目标文件夹。

用于电子邮件：打开一封邮件，以便使用电子邮件将照片发送给他人。

用于电子邮件（硬盘）：将照片作为sRGB JPEG文件导出到硬盘。所导出照片的最大尺寸为640像素（宽度或高度），中等品质，分辨率为每英寸72像素。完成后，Lightroom会在"资源管理器"窗口中显示照片。单击"导出"按钮后，选择目标文件夹即可。